JN195733

次世代型農業の針路 III

「農企業」のムーブメント

地域農業のみらいを拓く

小田滋晃
坂本清彦
川﨑訓昭
横田茂永
編著

昭和堂

はじめに

農林中央金庫寄附講座「次世代を担う農企業戦略論講座」及び当寄附講座と密接に連携して研究を進めてきた研究者・実務者等の成果をまとめた「次世代型農業の針路」シリーズも本書で最終巻となる。前シリーズである「農業経営の未来戦略」と合わせると6巻目となるが、これまで伝統的家族経営から企業的経営まで多様な形態をもち健全に農業を実践する農業経営体である「農企業」、とくにそのなかでも先進的経営体に着目して、理論面・実証面での研究成果を報告してきた。

これで一つの区切りとなる本書では、あらためて「地域」に着目している。寄附講座では、先進的経営体を生産力や収益・利益の高さだけではなく、地域との関係の中でとらえてきた経緯がある。農業経営を継続していく中で地域にいかに貢献しているか、逆に農業経営を継続していくためにいかに地域との密接な関係をつくっているのか、個としての経営体をとらえながらも、独立した個と個があらためて結びつくことによって成り立つ地域の必要性を強く意識してきた。

一方で地域という言葉は曖昧模糊としており、必ずしも共通の理解を生んでいるとはいえない。地域には多様な理解を生む様々な側面があり、よい面からも、悪い面からも語られることになる。本書においても、1つの明確な回答が示されているわけではなく、執筆者それぞれが地域にアプローチしているというのが実情である。それぞれのアプローチを読み解くなかで、読者の皆様各々にも地域についての解釈を進めていただければと思っている。

本書は2部構成で、第Ⅰ部は「先進的農業経営体が支える地域」、第Ⅱ部は「地域が支える先進的農業経営体」となっている。地域と経営体は相互関係にあり、どちらに視点を当てるかの違いである。

第Ⅰ部の各章は次のとおりである。

第1章「地域が／を支える先進的農業経営体――互いを支える新しい形」では、本書が意図する方向性として、農企業と地域の関係を示し、その具体的整理、検討ツールとしての支援論の枠組みを整理した上で、具体的事例に基づいて開発した理念型モデルを提示した。

第2章「農業経営体の発展過程と地域に果たす役割の変化――先駆的な大規模稲作経営者の経験から」では、2000年以降の農業構造の変化と日本農業における農業法人のウェイトの高まりについて確認した上で、大規模稲作懇談会での議論および活動から農業経営体の発展過程における地域に果たす役割の変化について分析している。

第3章「食料産業クラスターの可能性――新たな地域ビジネスモデル構築に向けて」では、行政機関主導で形成されたクラスター協議会等に焦点を当てた研究が多いなかで、地域におけるクラスターを主導・牽引している農業者や食品企業の先進的な取り組み事例から将来展望を検討するうえでの基礎的知見を提示している。

第4章「新たな流通形態をとる農業経営――6次産業化の推進による流通経路開拓」では、先進的農業経営体による革新は一握りの起業家精神を持った経営者だけでなされるものでないという仮説にもとづき、農業経営体のマーケティング活動において、関係機関や他の事業体がどのような役割を担っているのかを考察している。

第5章「多様なイネを活かす力――滋賀県・大戸洞舎の取り組み」では、コシヒカリ一辺倒からイネ品種の多様化を図ること、食用以外も含めてイネが作られ続けることが、日本の水田や地域を守り、後世の安全保障につながるとの観点から、滋賀県における有色米の栽培実践の事例を紹介している。

第Ⅱ部の各章は次のとおりである。

第6章「地域連携の中での農業ビジネス――房の駅農場による地域ブランドを活かした農業経営」では、食品関連企業の農業参入の事例から、企業と地域との連携による地域ブランドの振興という新たな図式に焦点を当てている。

第7章「地域連携が生み出す農業ビジネス――千葉県市原市での耕作放棄地解消の取り組み」では、バブル崩壊で生じた大規模な耕作放棄地の解消に取り組む事例から、地域の多様な企業や団体等が連携しておこなう農業経営のあり方について検討している。

第8章「情報化社会の進展と新たなマーケティング戦略――SNS、POSによる新たなムーブメント」では、情報化社会の進展が、農産物流通の川下段階にいかなる変化を与えているか、またその変化が農業経営体の経営行動にどのような影響を与えているのかを明らかにしている。

第9章「地域が担う事業継続への力――三重県伊賀市・菜の花プロジェクトの特産品づくり」では、循環型社会を実現しようとする菜の花プロジェクトの活動について、公社と農家の支えあいと行政や農協の支援によって販売戦略を柔軟に変化させ、採算のとれる事業となるまでの過程を考察している。

第10章「野菜サプライチェーンと農企業――オランダにおけるイノベーション」では、オランダにおけるサプライチェーンの変化について、イノベーションに関連する種苗と施設野菜経営体等に着目し、農企業が成立・展開する環境について検討している。

第11章「地域間比較から見る主食のムーブメント――変革迫られる農業経営」では、食生活の地域間での相違に着目し、その変遷を追っている。農業経営体のマーケティングがプロダクトアウト型からマーケットイン型に移行するためには、消費者の食生活への理解を深めることは必須といえる。

「地域」というテーマは、多角的な分析・考察を必要とする最終巻にふさわしいテーマであったと考えている。同時に、ここで完結できるものではなく、新自由主義を越えた経済社会を描くためにも研究のより一層の進展が望まれる。

末尾となるが、私たちの研究・教育・普及活動を支えてくださった農林中央金庫、本書の出版に携わっていただいた昭和堂、また調査を受け入れてくれた農企業や地域の方々、その他関係していただいた多くの皆様に深く感謝する次第である。

小田滋晃・坂本清彦・川﨑訓昭・横田茂永

次世代型農業の針路 Ⅲ

「農企業」のムーブメント

――地域農業のみらいを拓く

目次

第Ⅱ部　地域が支える先進的農業経営体

第Ⅰ部
先進的農業経営体が支える地域

第1章　地域が／を支える先進的農業経営体
――互いを支える新しい形

小田滋晃
川﨑訓昭
坂本清彦

1　農業経営体と地域との新たな関係

わが国では、「農企業」と総称される多様な農業経営体、特に家族農業経営の地域における保持・存続とともに地域社会や集落等における多様で重層的な組織（例えば、水利組合や消防団、土地改良区等、集落内のその他多様なネットワーク[1]）の健全な状態での保持・存続が、地域の農業の展開・発展・継承にとって重要な必要条件になるという仮説を我々は立ててきた。また、これらの条件は、特に企業的農業経営体の展開・発展・継承にとっても必要との仮説も同様に立ててきた。この仮説の帰結として、農地や水路・ため池等の農業生産諸資源を健全な状態で次世代につなげていく上で、地域農業を先導し経済的貢献も大きい先進的農業経営体の健全な存続が重要であるとも考えられる。

そこで、これらの農業経営体と地域（農協や行政を含む）との関係が「土地、モノ、ヒト、カネ、情報」等の経営資源の戦略的・戦術的[2]な確保・調達・提供、及び互いのガバナンスとマネジメントとの有り様において相互に補完・連携する、あるいはすべき論理を、具体的事例に基づいて開発した理念型的モデルを用いて推論することを課題とする。

まず第2節において先進的農業経営体と地域・農協・行政との関係を具体的に整理し、第3節において具体的事例に基づいて開発した連携モデルを提示する。そして、第4節において経営資源の調達・確保の実態を分析し課題へ接近する。

2 先進的農業経営体と地域――相互に支えあう関係

(1) 経営資源の獲得と地域

我々はこれまで、先進的農業経営体が有するネットワークを介した地域や地域内の関連主体との連携関係について考察してきた[3]。そのなかで、例えば農業経営体において、加工品等の販売規模が増大した場合、これまで以上に原料農産物の調達・確保が必要になり、自経営のみの生産能力で原料農産物を確保するなどの対応が困難な場合、地域内外の生産者及び生産者グループとのネットワークを利用し、原料農産物の調達・確保を図ることが必要となることを述べた。また、地域内における諸資源の再評価を含めた地域農産物ブランドの創造による産地の再生・形成を図るために、地域や産地としての将来展望を取り入れた施策を講じていくことが必要であることも述べてきた。

これら分析結果は、農業生産者のみならず、行政や教育機関、医療機関、金融機関等、様々な関連主体とネットワークを形成し、点から面への展開を図っていくことが不可欠との視点に立ったものである。しかし、具体的に先進的経営体がネットワークを通じてどのように経営資源をやり取りし、自身の経営発展や地域農業の持続に寄与しているのかを十分に明らかにしてはこなかった。そこで本章では、農業経営体がネットワークを通じて有形、無形の経営資源（土地、モノ、ヒト、カネ、情報）をどのように調達し、かつ地域の関連主体にいかなる資源を提供しているのかを明らかにし、先進的農業経営体と地域との「互いに支えあう構造」を明らかにすることとする。

まず先進的農業経営体の経営展開における地域との関係を考察してみると、農業には多様な作物が存在し、その多様性に起因する各経営の特質・特殊性を考慮しておく必要がある。農業では大きく園芸作目（露地と施設）、土地利用型作目、畜産と幅広い作目が存在している他、近年では六次産業化など多様な地域資源を組み合わせて活用する農業経営も展開されている。

一般的に、耕種作目では耕種作経営体が同一の地域に集積し、集出荷体制を構築するとともに、高度な栽培技術の安定化・持続化を図るための地域組織が活躍してきた。こうした地域の共同組織からの栽培情報や出荷情報に依拠して、経営戦略を策定し、各経営体は品種の選択や機械の更新などに取り組んできた。

次に、園芸作の場合、自然的条件によって栽培できる作目が一定程度規定されるために、同作目を生産する農業経営体が同一産地に集積しやすくなる。このような作目では、高品質な農産物への需要が高く、高度な栽培技術の安定化や持続化が不可欠である。そのため、共同販売だけでなく、新たな栽培技術の開発や新品種の導入を推進する組織が創出され、農業経営体への技術等の提供がおこなわれてきた地域も多い。

また、畜産経営では個別経営体レベルでの経営規模・飼養頭羽数が多く、各種作業の機械化やコンピューター管理が進展している。また、土地利用制約や労働の季節的な繁閑が少ない。そのため、新たな経営資源を獲得する際に、地域や農協を介したネットワークは、飼料設計を工夫する等の場面以外では、必要性は大きくない。以上の作物ごとの経営体と地域との関係性を前提として、新たな経営資源を経営内で利活用するには、資源の量だけでなくその質の確保も必要不可欠である。そのため、自経営単独で新たな資源が獲得可能なのか、各種ネットワークを構築することが必要なのか、地域や農協との連携を構築する必要があるのかを考慮せねばならない。また、必要とする経営資源が、すでに経営内や地域に存在している未利用資源であるのか、もしくは存在している場所から模索する必要がある資源なのかについても考慮せねばならない。これら経営資源を調達するネットワークに関しては、地域内の経営体ネットワーク、商品販売や原材料の周年調達等に関わるネットワーク、土地などの地域内未利用資源に関わる地域資源のネットワーク、さらにはファンドを含む資本のネットワーク等が存在している。

(2) 地域社会の重層性・複雑性の高まり

1970年から1980年代にかけての農業経営研究を嚆矢として、先進的農業経営体と関係を切り結ぶ「地域」自体に焦点を当て、「地域」という単位体の意義が論じられ続けている。例えば、集出荷や販売等の個々の農業経営を補完する諸機能を包含する「地域」を捉える「中間組織体」概念や、地域レベルの生産農家の異質化・多様化を踏まえた地域農業組織内のコンフリクトへの着目等、農業や農村の構造変化に対応した論考が提出されている。(4) さらに前述のとおり、稲作・水田作を基幹とする地域においては、集落営農が地域営農の主要な担い手となっていることは言を俟たない。

とはいえ、農村社会を構成する農家に一定程度の均質性を期待できた1980年代までと比較して、近年では兼業化や土地持ち非農家化が著しく進展し、先進的農業経営体と地域社会との関係は複雑になっているといえよう。農作業による農道の汚れや農薬散布など、いわゆる「農業の負の外部性」は、周囲も農家が多数派なら「お互い様」として不可視化されていたものが、非農家の増加に伴い顕在化しがちである。

こうした農業経営体と地域社会の摩擦は、当該経営体の地域での評判を下げ、特に園芸作などで収穫や加工などに大量の雇用を必要とする農業経営体であれば、地域から必要な労働力を集められないといった懸念も招きかねない。同様に、農業経営の展開方向にもよるが、経営をおこなう上で、地元への農産物の直接販売が重要な位置を占める場合、顧客としての地域住民からのネガティブな評判は販売上決して好ましいとはいえないだろう。

かように、先進的農業経営体が、現代的な農村社会の変化にともない重層性・複雑性が増大した地域と、どのような関係を取り結ぶべきかは、両者の存続・発展にとって喫緊の課題であると言ってよいだろう。この考察に当たり特に注視すべきは、第1に、我々の仮説に則り地域の農業生産資源の維持に先進的農業経営体と地域の相互の支えが重要であるならば、それはいかなるものなのかという点である。第2に、前述のように地域社会ネットワークの一層の重層性・複雑性が顕在化するなかで、「地域が／を」というとき、一つの単位体としての「地域[5]」とはいかなるものなのかという点である。

3　先進的農業経営体の連携モデル

経営戦略を「将来に向けた経営の方向性や目標を達成するために農業経営体がおこなう経営資源の望ましい配分とその利活用の決定」であると定義し、①地域の共同組織（ＪＡの部会や集落営農組織）からの情報に依拠し経営戦略を立案するタイプ、②経営体独自の情報収集に基づき、経営戦略を立案するタイプ、③リーダー的な農業経営体を中心にグループを形成し、その下での情報に基づき経営戦略を立案するタイプの3タイプに農業経営体は分類されることを、我々は参考文献［1］で明らかにしてきた。本章では、これら3タイプの経営体の経営戦略から踏み込んで、さらに地域との関係を追究するため、いかなる経営資源が地域や地域内の関連主体から提供・獲得されるのかという視点から、理念型的な連携モデルを提唱することとする。

ここで、「理念型的」モデルとは、マックス・ウェーバーに倣い、現実に観察される多数の事例から個別事例の差異を捨象し、そのなかから本質的な要素として共通する機能や構造を概念化したモデルを指す。以下においては、実際の経営体事例を下敷きにしつつ、第2節で概観した作目等ごとの農業経営体の経営資源獲得過程に沿って構成した、先進的農業経営体と地域の資源獲得・提供関係にかかる4つの理念型的モデルについて論じる。

第1に、園芸産地を中心にその不足が問題化している収穫や出荷にかかる労働力など、「ヒト」資源の獲得過程に特に着目して構成される「園芸産地」モデルが想定され、具体的な事例としては長崎県の先進的農業経営体M農園を挙げられる（表1―1）。このモデルにおいては、①労働力の確保を必要とする経営に対し地域のJAや行政が管理団体を組織して収穫作業を代行する取り組み、②共同集出荷場に必要な雇用労働を確保するといった資源提供が想定される。また、このモデルにおいて、先進的農業経営体は、経営戦略としてこれまで形成してきた販路や生産基盤を持続させる経営行動と、新たな販路や新事業に乗り出し飛躍を目指す経営行動の双方をとる。既存の生産基盤や販路の維持は容易なことではなく、消費者ニーズ・嗜好の多様化や農産物流通を取り巻く制度の変化に対応し、現状を維持するために必要な経営資源の獲得を想定せねばならず、この際にも「ヒト」という経営資源確保は極めて重要である。この場合の「ヒト」には、前述の収穫作業等にかか

表1　先進的農業経営体と地域の理念型的モデルと具体的事例

理念型モデル	理念型的類型における具体的事例
1 園芸産地	長崎県内に位置するM農園では、地域農業の担い手不足を解消するために、JAが提供する収穫労働に特化した支援サービスを利用している。このJAの支援プログラムを利用することで、規模拡大が容易となり、売り上げの増大が見込まれる。また、JA側も野菜産地としての商品供給力の確保が可能となっている。
2 水田地域・集落営農	熊本県にある集落営農法人Oは、2013年に町内12の集落営農を1つの法人に再編し、12集落1農場とし、現在水稲約50ha、麦類約250ha、大豆約120haを中心に経営をおこなっている。この集落営農法人に参加している各集落組織での経営・運営は集落が主体的におこなうことに特徴があり、地域の農地の恒久的な保全を図るために、土地利用型農業における低コスト生産の達成を目標としている。
3 畜産	京都府亀岡市に位置する有限会社Kでは、現在、家族3人の労働力で飼育頭数270頭の肥育経営と0.9haの水田で経営を営んでいる。もともとは、JAの預託牛部会の部会員であった9戸の農家が、2007年に会社を設立し、預託制度から自己所有牛に各農家の経営を転換し、経営の安定化を目指しており、素牛の購入は、会社の技術員が一手に引き受け、各農家の希望に合致する素牛を日本各地の市場から調達している。
4 地域活性化	岡山県真庭市にあるH有限会社では、地元出身の正社員7名とパート4名が自社を含む地域内で栽培された山ブドウを中心にワイン及びその加工品製造・販売を行っている。H有限会社は、地域内でのブドウ栽培技術の拠点、収穫祭の拠点であるとともに、防除作業の代行による契約農家の労働軽減にも寄与している。

出所：筆者作成。

る雇用労働力に加えて、経営の後継者もしくは継承者も含む必要がある。これまで、経営の後継者もしくは継承者の育成は、両親、親方となる農業経営体、もしくは指導農業士が中心となり、新規就農者の実地研修、農地の確保、就農後の指導・相談等をおこなうことでなされてきたが、本モデルにおいてはJA・行政・農家・生産組織等、より広範囲の地域の諸主体が連携して研修所を設置するといった取り組みが想定される。

第2に、土地利用型農業地域、なかでも水田作地域において、地域農業生産資源の維持、地域農業の振興や農村コミュニティの存続を主たる目標とする集落営農組織と地域との関係を、「土地」と「ヒト」資源の提供・獲得関係に着目して構成する「水田地域・集落営農」モデルが想定される。具体的な先進的農業経営体の事例として、熊本県の大規模集落営農Oが挙げられる（表1―2）。集落営農組織を地域農業の中軸的担い手とし地域の農業生産資源の保全を図るこのモデルでは、集落・地域全体で農業生産資源の保全や環境保全につなげる取り組みを拡大していくことが不可欠であり、農地の集積・利用調整、効率的で低コスト生産の実現が重要課題となる。そのため、面的広がりをもって農地の確保を目指す先進的農業経営体（集落営農組織）に対し、ＪＡをはじめ集落組織・行政・地域住民と地域農業ビジョンを共有し、そのなかで農業生産活動をおこなう連携関係の構築が必要となる。また、低コスト生産技術の採用、円滑な集落レベルでの意思決定支援等、生産・経営・集落ガバナンスの諸局面における高度な運営能力を発揮することで、地域農業資源の維持に貢献することが期待される。集落営農組織が地元の農産物を利用した加工品販売、地元食材を利用した食材提供、食材生産のための遊休農地の利用、多面的機能維持・向上の取り組みや地域内の遊休資源の利活用、都市交流による地域活性化を図る多様な経営展開も想定され、そうした活動に必要な地域の「ヒト」資源（例えば主婦や高齢者といった余剰労働力）の提供・獲得という連携関係が、地域と先進的農業経営体間に構築される。これら「土地」「ヒト」等の経営資源を効率的に獲得するためには、地域社会との良好な関係性の構築が欠かせないことは言うまでもない。

第３に、畜産経営を包含する地域において、生産活動に利用する肉牛や乳牛などの経営資源としての「モノ」と、消費者とのつながりなどの「情報」の提供・獲得関係に着目して構成される「畜産」モデルが想定され、具体的な先進的農業経営体として京都府亀岡市の有限会社Ｋが挙げられる（表１―３）。このモデルにおいて、先進的農業経営体は経営・事業推進に必要な「モノ」、例えば子牛、粗飼料、その生産のための農地を安定的に確保するため、そうした資源を提供しうる地域社会との良好な関係を構築し連携を図ることが想定される。また、類似する経営観や共同利用できる経営資源を有する地域の農業経営体とのネットワーク形成や、生活協同組合など共通の価値観を有する消費者グループ等の主体との連携のため、ＪＡ等の地域の関係諸主体から「情報」獲得する関係を構築することが想定される。他方、先進的農業経営体は、高品質な畜産品の安定的生産により地域ブランドのイメージ維持・向上や、リーディングファームとしての次代の農業を担う農業後継者の育成等を通じ、地域社会に貢献しうる関係性を目標に経営戦略を立案し、経営行動をとる。

最後に、地域資源の有効利用を図りつつ、地域農業の中心となり生産技術の発信、生産・販売情報の提供、地域での集客の拠点となるような先進的農業経営体を中心として地域活性化が図られる「地域活性化」モデルが想定され、このような経営体の具体的事例として岡山県真庭市のH有限会社が挙げられる（表1―4）。地域資源の種類や中心となる先進的農業経営体の経営者が持つ経営理念により、導き出される経営戦略や経営行動は一括りにして捉えることはもちろんできず、多様な事業運営が想定できる。例としては、加工業の展開、観光農園の展開、フランチャイズ型経営の展開、コンサルティング業の展開などが考えられる。それら事業の多様な展開に呼応するように、そこで必要となる経営資源も「ヒト」「モノ」「カネ」「土地」「情報」とそれらの組み合わせ、と多様な展開を見せる。例えば加工品販売と組み合わせたカフェ・レストラン経営を展開する場合、地元からの雇用、地域の生産者からの加工原料となる農産物の供給、行政やＪＡからの出資や土地の提供等、様々な資源のやり取りを軸に先進的農業経営体と地域との間に複層的な関係性が築かれる。

これら多様な事業展開が想定されるなかで、そこに共通して必要とされる経営資源の諸点としては以下の３点が挙げられる。第１に、これら事業展開を図るうえで、健全で有用な「ヒト」的ネットワークの形成が必要とされる点である。第２に、「モノ」としての地域資源の価値認識と「モノ」の新たな価値創造が不可欠である点である。第３に、「ヒト」「モノ」「カネ」「土地」「情報」の多様性を認識するとともにその多様性を容認することである。

先進的農業経営体がこれら経営資源を獲得するために連携を図る際に、もちろん多様な展開を可能とする経営資源の多様性を認識・容認することは言うまでもないが、連携先となる主体が取り組む事業の多様性の意義も評価する必要がある。

4　相互に必要とする経営資源

ここで、前節で整理した4タイプの先進的農業経営体と、それぞれが存在する地域との相互支援関係を整理しよう。表2は、4タイプの農業経営体の理念型的連携モデルにおいて、支援者・被支援者の働きかけの相補性に基づいて、経営体が／地域が必要とし獲得を望み、それらに合致して地域が／経営体が提供する資源（網掛け文字内）を、その具体例とともにまとめたものである。

表2の整理は、あくまで理念型的モデルにおける、農業経営を中心とする限定的な経営体と地域との連携局面だけを抽出している。これまでの節でも触れたとおり、これら経営体が非農家を包含し摩擦の可

表2　先進的農業経営体と地域が相互に必要とし供給する資源のモデル別整理

働きかけ内容 理念型タイプ	経営体が必要とし獲得したい **資源** 地域が働きかけ提供する	地域が必要とし獲得したい **資源** 経営体が働きかけ提供する	特記事項
園芸産地	収穫労働力 **ヒト** 収穫支援サービス	安定した園芸生産経営体 **園芸産地としての生産維持** 安定した農産物生産経営	就労機会の少ない地域社会で地元雇用の意義大
水田地域・集落営農	農地　労働力 **土地　ヒト** 農地・労働力	農地の維持 **地域農業生産資源の維持** 低コスト生産・経営	
畜産	関連諸主体との連携基盤 **モノ　情報** 消費者等との連携	安定した畜産生産 **地域農業ブランドの維持** 安定した畜産経営・次世代育成	
地域活性化	地元産原材料 労働力 **ヒト モノ カネ 情報** 労働力・地元産原料	農産物販売先・ 労働力確保 **地域経済の活性化** 農産物買取・労働力提供等	観光業等、多様な地域活性化関連主体とも連携

出所：筆者作成。

能性も伴う多様な地域主体との適切な相互支援関係という局面については考察が及んでおらず、今後の実証的検証の課題として残される点である。

5 お互いを支えあう関係とは

先進的農業経営体と構成主体の異質化・多様化が進む地域とが、地域農業生産諸資源の維持保全を仲立ちとし、相互に支え合うことが必要であるという仮説に基づき、その実証的検証に必要と目される両者の連携関係を検討してきた。その過程においては、我々のこれまでの研究成果を踏まえ、先進的農業経営体における「土地、モノ、ヒト、カネ、情報」等の経営資源の確保・調達・提供の有り様を、具体的事例（表1）を下敷きにした地域との資源を巡る相互補完・連携の理念型的モデル構築を図ってきた。

こうした抽象化を経由してはじめて、個人や組織だけでなく、多様で異質な主体を包含するネットワークや地域という単位体を、支援のシステムの関係性の中に捉えられると主張した。また、後半では、極めて限定された局面ながら、先進的農業経営体と地域の理念型的連携モデルにおいて両者が相補的に必要とし／提供する資源を整理し、今後の分析の糸口とした。

注

（1）集落組織の機能と農協等の農業関係組織の関係性については参考文献［2］を参照。

（2）「戦略」：一定の組織ガバナンス下における資源の「あり様」や配分の決定、「戦術」：一定の組織ガバナンス下における与件

（3）参考文献［1］を参照。
（4）初期の地域農業組織については、参考文献［3］、［4］等を参照。
（5）もちろん、このように地域を概念化せず、地域に存する様々な主体を個別に捉えることも可能である。しかしながら、こうした理解に留まるのであれば、地域という概念を用いる必然性はなく、地域の諸主体とでも呼ぶべきである。本章において我々が「地域」を一単位体として概念化する必然性は、そこに包含される主体の異質性、多様性の高まりの中で地域全体を捉えることに理論的価値を見出すがゆえである。

参考文献

［1］小田滋晃・長命洋佑・川﨑訓昭・坂本清彦編著『農業経営の未来戦略Ⅱ　躍動する「農企業」――ガバナンスの潮流』昭和堂、２０１４年。

［2］斉藤由理子「集落組織の展開方向――組織再構築・活性化・新組織の創設」『農林金融』２００９年4月号、１７６～１８８頁。

［3］佐藤和憲「地域農業の組織モデル」『農業経営研究』第23巻第2号（１９８５年）、１～８頁。

［4］高橋正郎『日本農業の組織論的研究』東京大学出版会、１９７３年。

第2章　農業経営体の発展過程と地域に果たす役割の変化
——先駆的な大規模稲作経営者の経験から

小針美和

1　時代が先進的農業経営体に追いついてきた

「地域が／を支える先進的農業経営体」というシンポジウムタイトルを受けて、筆者の頭に真っ先に思い浮かんだのは、２００８年10月に（公社）日本農業法人協会会員の大規模稲作法人有志により発足し、筆者も活動に参画している「大規模稲作懇談会」と、そこで侃侃諤諤に交わした経営者との議論であった。彼らは、地域の農地を引き受ける形で規模拡大をしていくなかで、一定以上の経営規模になると経営課題の〝質〟が変わるとともに、「地域、地域農業における法人の存在感、責任が変わってくる」ことを経験のなかで実感していた。そして、その実感はまさに、「地域〝を〟支える先進農業経営体」としての思い、責任感であった。しかし、懇談会発足当時の日本において、１つの経営体で１００㌶を超える農地を耕作する経営はほんの一握りしかないという状況のなか、「同じ経験をしている人が近くにはおらず、地元だけでは悩みを相談できる人／組織がない、話してもなかなか理解されない」ことこそが、その頃の彼らのいちばんの悩みであった。

このように、10年前にはごく少数の法人経営者でしかできなかった議論が、シンポジウムのタイトルになっているということは、この間に日本農業の構造が大きく変化しており、地域と農業法人との関係とその変化が、日本農業を考えるうえで普遍性をもつテーマとなりつつあることの証左といえよう。

以下では、２０００年以降の農業構造の変化と日本農業における農業法人のウェイトの高まりについて統計データをもとに確認したうえで、農業経営体の発展過程における地域に果たす役割の変化について、大規模稲作懇談会での議論、活動のエッセンスをベースに紐解いていきたい。

2　農業構造の変化

(1) 農家の減少と農業法人のウェイトの高まり

農業経営体のうち販売農家の減少は農業就業人口の減少と高齢化を伴って進行している。農林水産省「世界農林業センサス」(以下、「センサス」という)によれば、販売農家数は２０００年の２３４万戸から２０１５年には１３３万戸に減少した。この間、農業就業人口は２０００年の３３５万人から２０１０年には２６１万人に減少、２０１５年には２１０万人となり、現状では２００万人を割り込んでいる。平均年齢は66・４歳と高齢化も進行している。

一方で、農業法人(以下、「法人」という)の数は増加傾向が続いている。法人化している農業経営体数は２０１５年において２万７１０１経営体と、10年前と比べて４割強増加している。業種別に法人数が把握でき

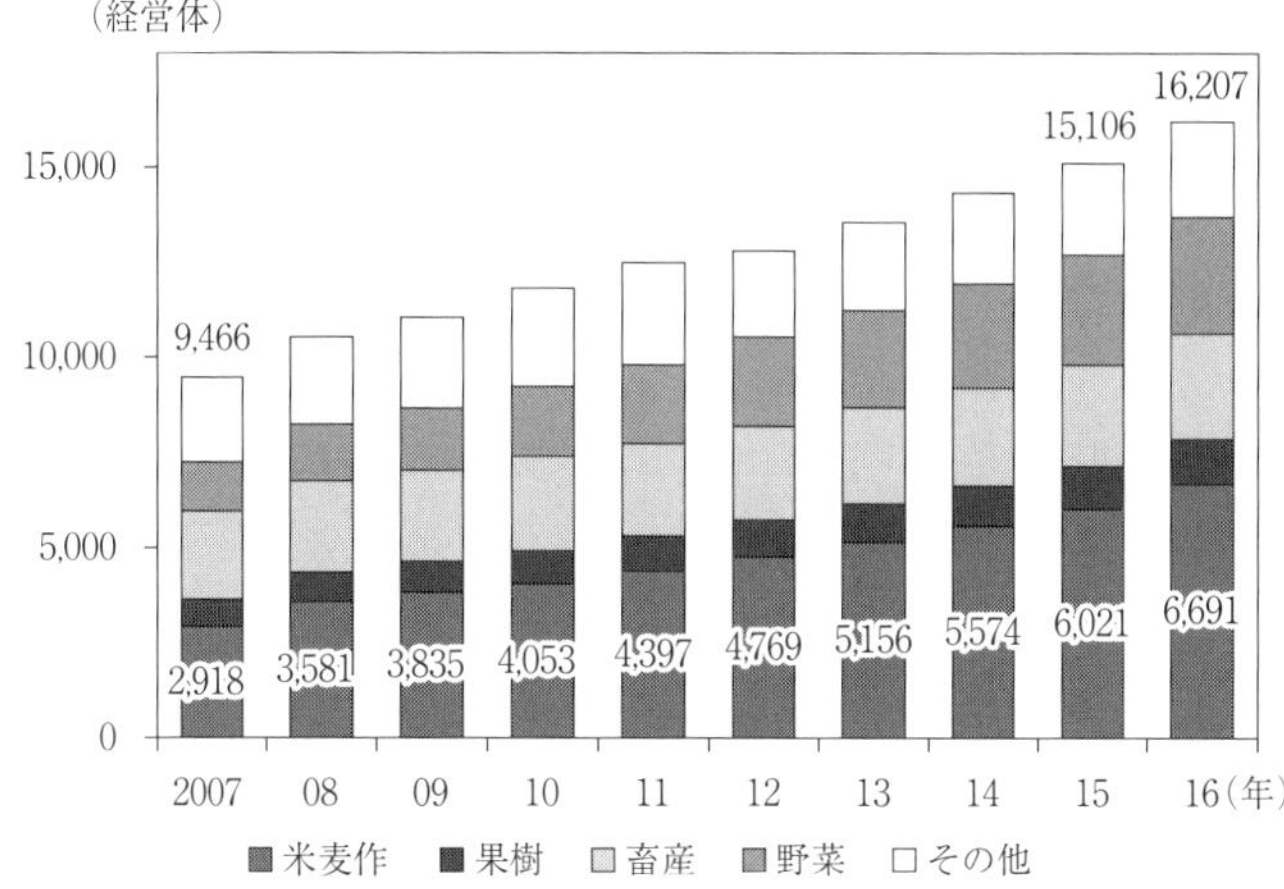

図１　営農類型別にみた農地所有適格法人数の推移
資料：農林水産省『ポケット農林水産統計』各年版。
注１：各年１月１日現在の数。
　２：営農類型区分は粗収益が50％以上の作目による。

る農地所有適格法人の動向をみると、１９９０年代までは、早くから企業的な展開をしていた畜産の割合が高かった。その後、１９９２年の農林水産省「新しい食料・農業・農村政策の方向」において、農業経営体の法人化が政策に明確に位置付けられたことを受けて、１９９０年代半ばから果樹以外の品目では法人数の増加率が高まり、特に米麦作の増加率が大きく高まった。その後、２００７年の品目横断的経営安定対策の導入、集落営農の法人化の推進等により、米麦作の法人数は２００７年、２００８年に大幅に増加し、２０１０年には４０００法人を超えて２０１６年には６６９１法人と農業生産法人全体の４割強を米麦作の法人が占めるに至っている（図１）。また、野菜作の法人数も増加傾向が続いており、２００８年以降では野菜作の法人の増加率が米麦作を上回っている。このように、近年の特徴はこれまでは法人化の動きが遅かった米麦作、野菜等の主たる生産手段が農地である業種で法人化の動きが加速していることにある。

また、販売金額別に農業経営体数をみると、２０１５年において５千万円以上の経営体は１万７０００経営体と

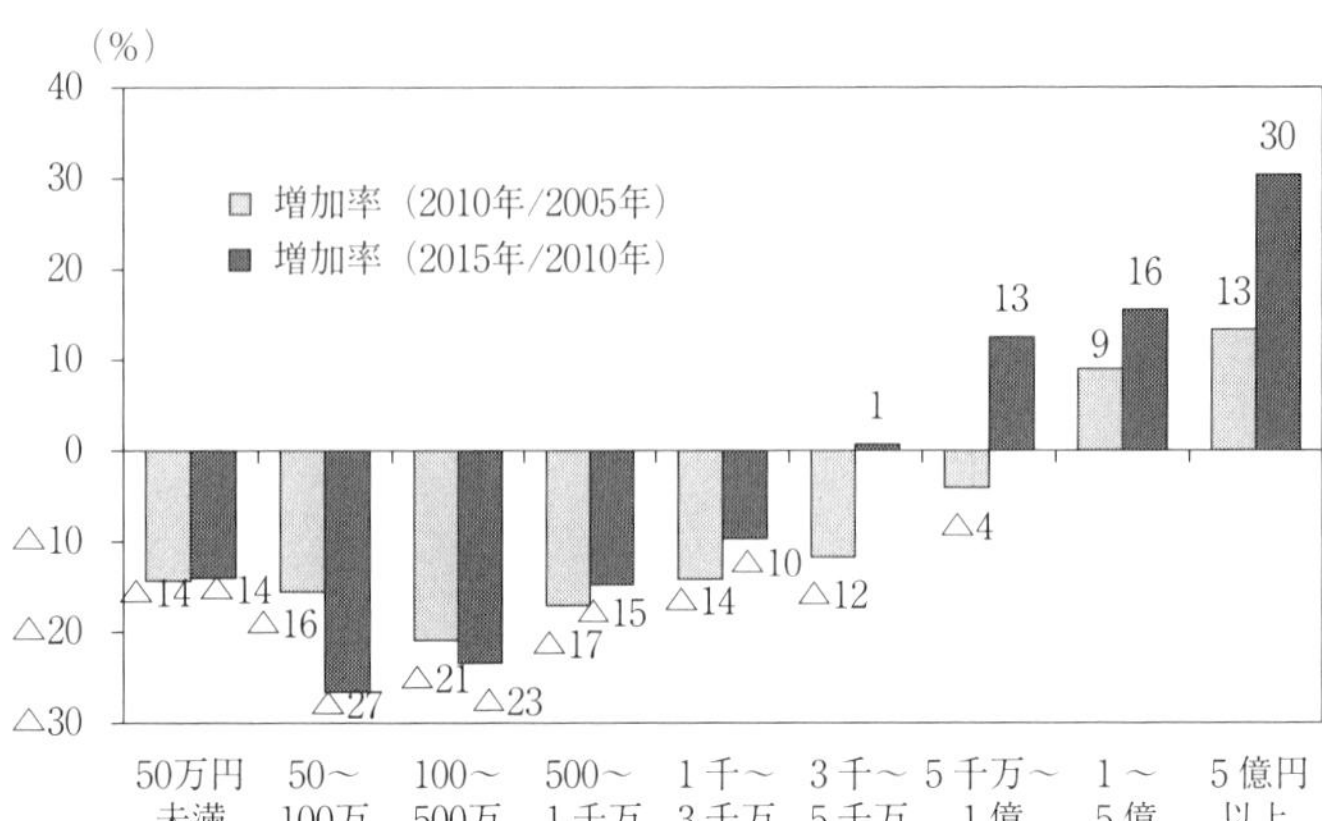

図2　農産物販売金額規模別農業経営体数の増加率（全国）
資料：農林水産省『農林業センサス』。

なっており、うち1億円以上の経営体は6549経営体となっている。経営体数の増減をみると、2005年から2010年までは1億円以上のみが増加している。2010年から2015年では3千万円未満では減少し、3千万円以上の経営体では増加している（図2）。特に、組織形態別に2005年と2015年を比較すると、販売農家では5千万円以上、1億円以上の経営体ともに2005年より減少しているのに対して、組織経営体ではいずれも増加している。農業経営体数が全体として減少しているなかで、とりわけ売上高の大きい法人等の組織経営体のみが増えている状況にある。

(2) 農業法人の事業多角化の動き

また、法人では農業生産以外の事業に取り組んでいる割合も高い。（公社）日本農業法人協会の会員向け調査結果では、7割以上の法人が農畜産物の加工等の農業生産以外の事業に取り組んでいる。また、取り組んでいると回答した法人の割合は、売上高が多くなるほど高くなる傾向にある。

自社生産以外の農産物を仕入れて販売している法人も全体の2割を超えているとみられ、農業生産を主たる事業とする法人とは別に販売会社を設立するケースも増えており、販売活動にも注力している法人はさらに多いものと見込まれる。また、他の農業者から集荷のみをするだけではなく、集落の農業者の圃場情報、マップを独自に整備して圃場管理や参加農家の栽培指導、栽培方法の統一や作付品種の調整等をおこない、集落全体での所得向上の仕組みづくりを進めるなど、集落の営農活動をまとめるリーダーの役割を担う法人もある。

このように、規模が大きく、かつ多様な事業をおこなう法人が増加しており、これら法人が地域農業のなかで担う役割も高まっている。特に農業者の減少が急激に進むなかで、一部には、他に担い手がおらず1つの法人に地域の農地の過半が集中している地域もあり、その法人がなくなると地域農業そのものが成り立たなくなることが懸念されるケースも出てきている。

3 「地域を支える先進的農業経営体」たる法人経営者の意識の変化

ここでは、法人の経営発展過程における経営者の意識の変化を、懇談会の発起人のひとりである、石川県白山市にある株式会社六星（以下、「同社」とする）の創業者、北村歩氏へのヒアリングをもとに整理してみたい(1)。

同社の位置する白山市（旧松任市）は、金沢市のベッドタウンで、近隣の市には機械産業を中心に製造業の大企業も立地しており、小規模農家の離農、担い手への農地集積が先行して進んできた地域である。同社では、設立当初は転作作物として単位あたりの収益性が比較的高く、当時は珍しい野菜であったレタス栽培をおこなっていた。しかし、地域の環境変化をうけて、経営の中心を労働集約的な作物から水田作に切り替えて離農者の農地を積極的に引き受けていくようになり、経営耕地面積は2000年代半ばに100ヘクタールを超え、現在は300人を超える地主から約1700枚もの田畑を預かり、155ヘクタールを耕作している。

引き受ける農地が増加するとともに、同社が集落の農地の過半を耕作する、場合によっては集落の農地ほぼ全てを同社が耕作する、というケースも増えてくるようになった。北村氏は、このような変化のなかで、「地域の農地を担うことに対する六星の責任が、それまでとは違うものに変質したと感じるようになった」という。農地を預けた地権者はすでに機械を持っていないので、仮に農地を返されても耕作の再開は事実上不可能である。また、数ヘクタールの単位であれば、地域の個人担い手農業者に相談すれば引き継げるかもしれないが、100ヘクタール超の農地をすぐに他者に引き継ぐことは、困難を極める。

北村氏は、「これまで地域に農地があり、そこで農業が営まれ作物が育つことは〝当たり前〟のことだと漠然ととらえてきていた。しかし、〝六星がもし倒産するようなことになれば、残る人では引き受け切れず、地域の農地が荒れることになる〟という状況に直面し、『農地が〝農地〟としてあるためには、人の手によって〝継続的に〟耕作されていることが必要であること、そして、それが〝地片〟として存在するのではなく、面的にひろがっていなければ〝生産基盤たる農地〟ではあり得ない』ことを改めて認識した」という。

すなわち、農地は、個人の資産であるとともに、地域の共有資源として地域の誰かが継続して耕作されなければ農地たりえない。今日的な経済・社会環境の変化の中にあって、「お預かりしている農地をきちんと耕作すること、そのために持続的な法人経営をおこない、次代に事業を継承していくことこそ、地域に根ざす農業法人の第一義的な役割ではないか」との思いを強くしたという。

また、同社は、農産物の高付加価値化と周年雇用の確保のために1980年代前半から自社生産のもち米を原料とした餅加工に取り組み、1990年代後半には、将来的に100ヘクタール以上の経営になるであろうことを見越してライスセンターを建設・稼働、時を同じくして直売店も建設している。2000年代に入ると、無農薬・無化学肥料米の栽培、和菓子や惣菜の製造も開始するなど、消費者ニーズに合わせて生産・販売する農産物や加工品のバラエティも広げている。近年では、北陸新幹線の開業に合わせて直売所事業の拡大や農産加工品のブランド化も進めており、同社の売上高は10億円を突破している。

北村氏が本格的に農業を始めた1970年代後半はコメの消費減少は加速化する一方、生産調整が強化された時期であり、農事組合法人設立当初からコメ生産だけに依存した経営ではいけないという意識をもっていたという。その後、食管制度廃止等、稲作経営をめぐる状況が大きく変化するなかで、農業者自らが消費者ニーズをつかみ販売先・顧客を確保することの重要性にいち早く気づき、事業の多角化を進めてきた。北村氏はその経営の変遷を振り返り、「『守るべきもの＝地域の農地』を守っていくために、六星という組織は常に変化をしてきた。変わりゆく時代のなかで、地域の農地を耕作し守る主体として農業法人が存続し続けるためには、農業法人自身は時代の変化に対応、進化して経営を継続していかなくてはいけない。そして、そのために努力を続けることが農業法人、その経営者の使命ではないか」と語る。

4　「地域が／を支える先進的農業経営体」の関係

次に、先進的農業経営体が地域農業をリードしつつ、地域が一体となって地域農業振興の取り組みを実践してきた新潟県長岡市越路地域（旧越路町）の取り組みを紹介したい。

越路地域は、1970年代後半の圃場整備事業と水田農業確立対策による生産調整の強化をきっかけとして、転作田の有効活用や収益の増加を目的に任意生産組織を集落ごとに設立し、水稲・麦・大豆のブロックローテーション体系を確立してきた。

また、コメの流通が自由化された1990年代からは、JAを中心に地域が一丸となって、健康な土づくり事業に始まる環境保全型の米づくりや地場の酒造会社や製菓業者との契約栽培等、実需と結びついた生産・販売にいち早く取り組んでいる。そのため、作付け品種もコシヒカリ一辺倒ではなく、五百万石（酒米）やもち米の生産にも力を入れており、コシヒカリもその過半が特別栽培米となっている。良質米産地としてのブランドを確立するため、これらの品種や栽培方法ごとに生産者部会を組織し、生産者とJAが協力・連携しあい、高品質米生産のための栽培体系を構築してきた。

これらの特別栽培米コシヒカリや酒米生産にかかる生産者部会の取り組みや、生産調整の大豆生産等を中心的に担っているのは、集落の任意生産組織を母体とする農業法人や認定農業者等の越路地域の中核的な担い手農業者（中核的農業者）たちである。そして、越路地域でも、2000年以降、急速に担い手への農地の集積が進んでおり、地域の農地面積の過半を中核的農業者が耕作している。

また、例えば土づくりの取り組みにあたっては各農家の農地への堆肥投入が必要となるが、大型機械を持たない小規模農家は、自ら散布等の作業はできない。そのため、中核的農業者が地域の堆肥散布作業を請け負っている。このように、地域をあげての環境保全型農業の推進にも、中核的農業者の存在が不可欠であり、彼らなくして地域農業は存続しがたい状況にある。

一方で、行政やJA等の地域の組織もその状況を認識しており、地域の共有資源を活用し、中核的農業者の経営を支援している。そのひとつとして、例えば、JAでは、販路の1つとしてコメの独自販売を志向する中核的農業者の生産者グループに、カントリーエレベータのサイロの一部占有利用を認めている。

通常、ＪＡの共同施設利用はＪＡの販売事業とセットとなっているため、多くの地域の場合、ＪＡ以外の出荷先に販売するコメの乾燥調製にカントリーを利用することは難しい。しかし、越路地域では、「経営の安定・成長を考える経営者が販路の分散や、自分の生産したコメを自分で売りたい、という希望をもつのは自然のことである」また、「〝信頼のおけるきちんとした売り先を確保できているのならば〟彼らがしっかりコメを売ることが地域のコメのブランド力をあげることにもつながる」ことに加えて、「施設利用を促進することで、施設の稼働率も維持向上でき、地域全体にもメリットがある」と考え、保管したコメの販売にはＪＡは関与せず、グループのメンバーが全責任を負うことをルールとして施設の一部の占有利用を認めている。これにより、グループのメンバーは、多額の初期投資を必要とし、経営にとっては重荷となる乾燥調製施設の新設・増設をせずに販路拡大を進めることができる。

また、堆肥散布等の作業は地域のための活動ではあるが、作業請負は中核的農業者にとって収入源の1つという側面もある。さらに、これまで地域全体で確立してきたブランド力が、中核的農業者が自ら生産したコメを独自生産する際に他地域と差別化できる〝お墨付き〟になっている。

5　先進的農業経営体と地域との新たな関係

(1)「連携」というキーワード

これまでの農業構造の変化は、主に小規模農家、高齢農業者のリタイアを主たる要因としてきた。しかし今後は、農業構造がさらにドラスティックに変化することが想定され、そのなかで先進的農業経営体が地域において果たす役割もさらに進化していくと考えられる。

近年、担い手農業者のなかでも、個人の認定農業者は高齢化が進み、絶対数も減少している。実際、現場では、これまでの農地の受け手として自ら規模拡大しながら展開してきた専業農家に後継者がおらず、経営の継続が危ぶまれるケースが増えている。すなわち、担い手農業者として規模拡大してきた「受け手」が「出し手」に転化しているのである。

兼業・小規模農家のリタイアであれば農地面積も小さく、専業家族（個人）経営で引き受けることも可能である。しかし、これまで担い手農業者が規模拡大してきた農地を引き受けるとなれば、いきなり経営面積が2倍になるに等しく、実際に個人経営で引き受けられる面積には限界がある。雇用労働の活用等によってフレキシブルな対応ができる法人のポテンシャルに寄せられる期待は今後一層大きくなるであろう。ただし、法人にも経営体力の限界があり、全ての農地を自らの経営のなかで引き受けるという考え方も現実的ではないだろう。むしろ、地域農業のリーダーとしてその力を発揮し、地域の専業家族経営や小規模農家等と連携を図りながら、地域農業全体のバランスを考えて最適解を模索していくという新たな役割が求められるのではないだろうか。

例えば、経営の第一線からは引退したいと考える農業者でも、耕作に必要な機械を保有し操作ができる、という人であれば、経営権は法人に委ねつつ、栽培期間中の管理作業はその農業者に委託する。逆に、財務的に農機の更新は難しいが、栽培に必要な農作業のノウハウは優れている人には、法人の農機をリース提供する。このように、農業者だけでは足りないものを法人のもつ資産や機能で補完することで、既存の農業者が可能な限り農業を継続できる環境をつくることも、法人の重要な役割であると考えられる。

(2) 地域農業の「コーディネーター」機能

「地域農業全体のバランスを考えた最適解の模索」は、「地域農業をコーディネートする」機能と言い換えることもできよう。この機能が先進的農業経営体に求められるもうひとつの背景に、地域における農政の推進機能の弱体化がある。

農業は政策との関係も非常に強い。特に生産調整が絡む水田農業においては、市町村による農政推進が事実上、地域農業のコーディネート機能を果たしており、行政と農業者との関係も密であった。しかし、市町村合併が進むなかで、行政と地域との関係が希薄化しつつある。また、職員数の削減に加え、人事ローテーションとしても専門性を高めることが難しくなっている。特に、少子高齢化が進み、福祉行政の負担が大きくなるなかで、市町村行政において農政担当職員は他部門よりも大きく減少しており、市町村職員の農政担当者がその地域に根ざした農業の振興方策をじっくり考えることは難しくなっている。

一方で、農業施策を有効に機能させるためには、その地域性を考慮し、地域に即した形で推進していくことが不可欠である。そこで、地域に根ざし、地域農業をリードする先進的農業経営体が、積極的に地域の農業振興方策の策定や推進に関与し、地域にあった施策としていくこと、その一翼を積極的に担っていくことも重要となろう。

時代の変化に合わせ進化する先進的農業経営体が地域に果たす役割は、公・共・私の枠を超えたものとして、今後さらに厚みを増していくものと考えられる。

注

（1）株式会社六星は、１９７９年に農事組合法人六星生産組合として、北村氏をはじめとする若手農業者５人をメンバーに設立された。その後、１９８９年に有限会社化、２００７年に株式会社化し、それと同時に創業者の北村氏から現社長に事業継承している。現在、北村氏は同社の経営には関与しておらず、本章における北村氏の意見は、北村氏個人の見解であることをお断りしておく。

第3章 食料産業クラスターの可能性

――新たな地域ビジネスモデル構築に向けて

長命洋佑
南石晃明

1 地域農業を取り巻く環境変化

わが国の農業は、農業生産者の著しい高齢化やリタイア、後継者不足等による農業就業人口の減少、食のグローバル化の進展による国内農産物価格の長期的な低迷化と国際競争力の激化、輸入加工原料の価格高騰による生産コストの上昇、異常気象や鳥獣被害等による農業生産者の生産意欲の低下、不耕作・遊休農地の拡大等、多くの問題を抱えている。また、少子高齢化や人口減少による食料消費の減少、消費者の嗜好多様化や急激な嗜好変化等、食料消費の動向も含め農業経営を取り巻く環境は一層の厳しさを増している。

その一方で、自由貿易協定（ＦＴＡ）や経済連携協定（ＥＰＡ）等の経済連携に向けた動きが進展していくことも予想される。「日本再興戦略２０１６」［内閣府２０１６］では、「攻めの農林水産業の展開と輸出力の強化」が提示されている。経済のグローバリゼーションの進展とともに農産物市場の開放が求められるなか、地域農業や食品産業は生き残りをかけて国際競争力を持つことが迫られている。地域レベルでの戦略として、斎藤［2011］は、農商工だけでなく地域内の産学官も連携した新製品開発・新事業創出による経済波及効果を目指す食料産業クラスターの形成と、また個々の商品名・企業名でなく地域名を冠した地域ブランド化により、ステークホルダーとネットワーク組織を形成することが有効であると指摘している。また、森嶋［2016］は食料産業クラスターに対して、地域資源の共同利用と情報の共有化から、製品開発のみならず地域経済活性化のための競争戦略構築につながることへの期待を述べている。このように、農林水産事業者（以下、農業者）や食品加工事業者（以下、食品企業）等が連携し、食料産業クラスター・食品産業クラスターを形成することで、地域の食材・人材・技術等の資源活用による新たな商品開発や事業拡大、販路開拓、地域ブランド創出等に対する期待が高まっている。なお、食料産業クラスターおよび食品産業クラスターの用語・概念に関して、斎藤［2013］は、前者を「農業と食品を統合した概念」とし「食と農の関係性を強くした提携や経済主体の統合化が地域に混在し、地域を単位としてプラットフォームが形成されつつある場合には、食料産業クラスターの概念が有効であろう」と述べており、後者に関しては「食品企業のイノベーションに力点がおかれている」と述べている。さらに、集積やネットワークが強まり、あるいはよりイノベーションを志向すると、クラスターよりもフードバレーの名称が用いられることを指摘している(1)。本章においては、これら食料産業クラスター、食品産業クラスター、フードバレーを包括する概念として食料産業クラスターを用いることとする(2)。

これまでの食料産業クラスターに関する研究では、行政機関主導で形成されたクラスター協議会やそこに参画している農業者や食品企業等に焦点を当てた研究が多く、地域におけるクラスターを主導・牽引している農業者や食品企業に焦点を当てた研究蓄積はまだ少ないといえる。

そこで本章では、先進的な取り組みをおこなっている2つの食品産業クラスターの事例を取り上げ、現状を明らかにしたうえで、将来展望を検討するための基礎的知見を得ることを目的とする。以下、次節では食料産業クラスター政策の展開の整理をおこなう。第3節では、先進的な事例として、フードバレーとかちを取り上げ、事業展開の現状について述べる。第4節では、後発的な設立であるが、食品企業が協議会を牽引し、商品開発・事業展開を図っている糸島市食品産業クラスターの事例を取り上げ、食品企業を中心とするクラスターの取り組みについて述べる。最後、第5節では、新たな地域ビジネスモデル構築に関して、コーディネーターの役割とプラットフォーム作りへの展望について検討をおこなう。

2 食料産業クラスター政策の展開

わが国における産業クラスターの展開に関しては、1998年の「新事業創出促進法」の制定を契機として、経済産業省が2001年に「産業クラスター計画」を策定し、国際競争力の強化や地域経済の活性化を目指し、新産業創出に資する中核的支援機関の整備が進められてきた〔森嶋2013〕。2005年には農林水産省により食料産業クラスター形成の支援事業が開始された。その定義について農林水産省〔2006〕は「コーディネーターが中心となり、地域の食材、人材、技術その他の資源を有効に結びつけ、新たな製品、販路、地域ブランド等を創出することを目的とした集団」とし、「この食料産業クラスターの形成を推進することにより地域の食品産業と農林水産業との連携の促進、ひいてはわが国の食料自給率の向上と食料の安定供給を図る」ことを目的として掲げている。また、食料産業クラスターの推進では、国産原材料の有効活用、競争力と付加価値のある新たな食品開発および商品販売戦略を駆使して、地域食材をテーマとしたブランド化への取り組みや新た

表1　食農連携事業に関する新商品の開発等の状況

新商品の開発等の状況	新商品の開発等：件	(%)
新商品の開発等が順調に実施されていなかったもの	106	(61.3)
開発できなかったものまたは開発したものの製造・販売できなかったもの	54	(31.2)
事業完了年度の翌年度から3年以内に製造・販売を中止していたもの	12	(6.9)
主要原材料の使用量および新商品の販売額の達成率が30%未満のもの	40	(23.1)
主要原材料の使用量または新商品の販売額の達成率が30%以上100%未満のもの	37	(21.4)
主要原材料の使用量または新商品の販売額の達成率が100%以上のもの	30	(17.3)
うち主要原材料の使用量または新商品の販売額のいずれかの達成率が100%以上のもの	21	(12.1)
うち主要原材料の使用量および新商品の販売額の達成率が100%以上のもの	9	(5.2)
小計	173	(100.0)
平成21年度事業のため、事業成果報告書等の提出期限が到来していないもの	34	
合計	207	

出所：会計検査院［2011］より筆者作成。

な市場創出を目指し、食料産業クラスターに関連する事業を展開することが期待されている［高橋2013］。

当初、食料産業クラスターに関する事業は2009年度まで継続の予定であったが、2008年のいわゆる農商工等連携関連2法(3)の成立に合わせて、農商工連携の促進を通じた地域活性化のための支援策の枠組みの中に組み込まれた。しかし、農商工連携を全面に押し出すスキームは長続きせず、2010年度からは「6次産業創出総合対策」が予算の主要事項となり、そしてその中で今度は「農商工連携の推進」が、同対策の「地産地消・販路拡大・価値向上」という支援の枠組みに組み込まれた［森嶋2013］。この点に関して森嶋［2013］は、「これら「食料産業クラスター」・「農商工連携」・「6次産業」という3つの概念間の関係は、それぞれ後者が前者を含むという三重の入れ子構造になっている」と指摘している。

こうした食料産業クラスター事業に関して、会計検査院［２０１１］は新商品の開発等の状況について表１のような実態を明らかにしている。なお、表１に示す実態について、会計検査院［２０１１］では食農連携事業と記しているが、それらは地域食料産業クラスター形成促進事業（平成17年・18年）、食料産業クラスター体制強化事業（平成19年・20年）、食農連携体制強化事業（平成21年）で取り組まれてきた事業の総称である。以下、それらの実態について見ていく。新商品の開発等が順調に実施されていなかったものは１０６件（61・３％）であり、その内訳は、開発できなかったものまたは開発したものの製造・販売できなかったものが54件（31・２％）、事業完了年度の翌年度から3年以内に製造・販売を中止していたものが12件（６・９％）、主要な原材料の使用量および新商品の販売額の達成が30％未満のものが40件（23・１％）であった。これらの実態より会計検査院［２０１１］は、新商品の開発等において、新商品が開発できなかったり、開発したものの製造・販売ができなかったり、製造・販売中止に至ったり等、新商品の開発等が順調に実施されておらず、地域経済の活性化等に必ずしも寄与していないことを指摘している[4]。これらの結果はすなわち、地域の連携による技術開発の実施、商品化、販売戦略の策定等に取り組むことの困難さを示すとともに、事業設立当初は期待されていたシナジー効果が、地域に根ざした持続可能な事業として十分な成果を上げていないことを示唆するものであるといえる。

3　フードバレーとかちの事例

(1) フードバレーとかち設立の背景

北海道十勝地域の産業は農業を中心に展開しているが、農業従事者の高齢化によるリタイアや消費人口の減

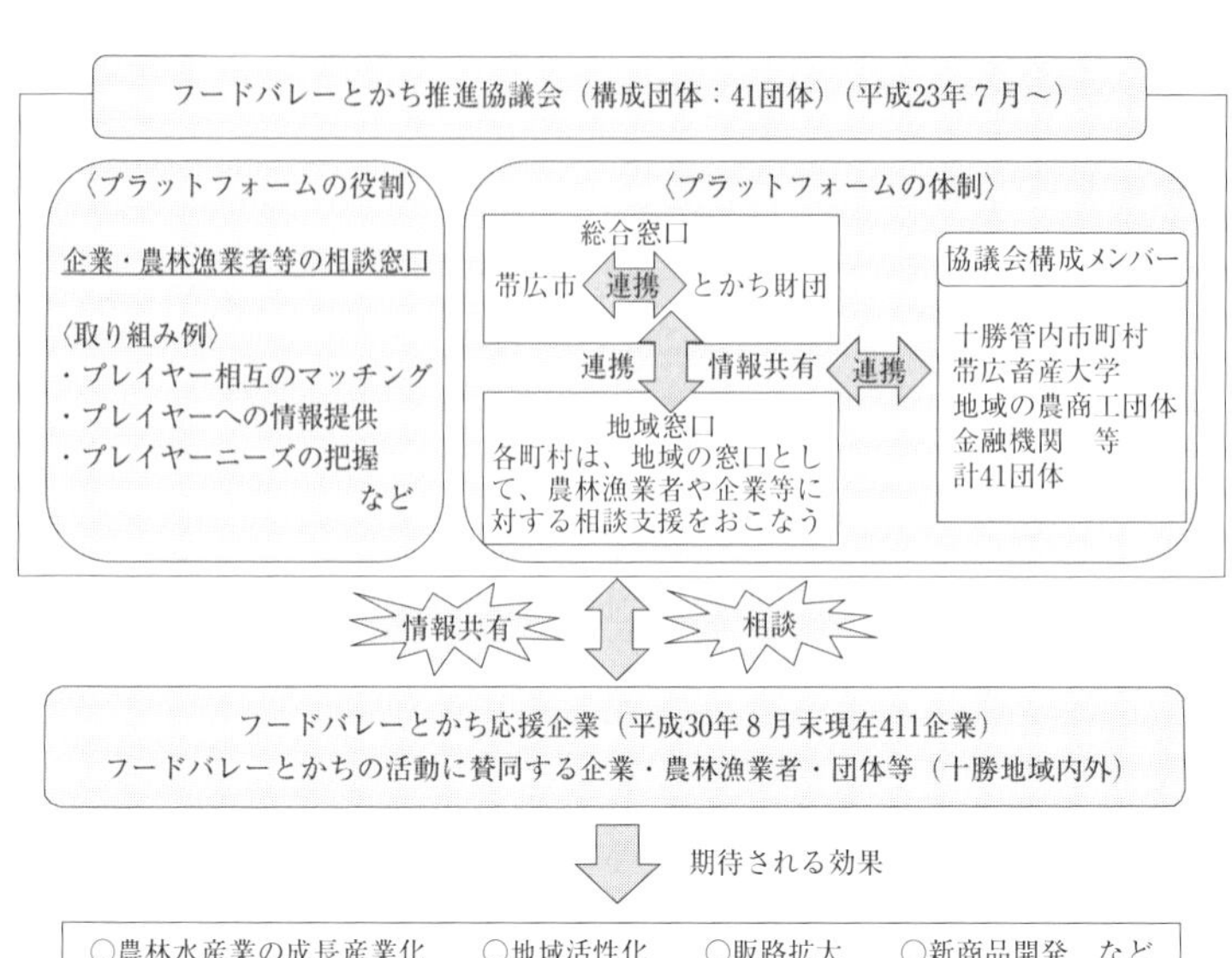

図１　フードバレーとかち推進協議会の概念図

出所：藤芳雅人［2015］の図を一部修正。フードバレーとかち応援企業の企業数を最新の数値（フードバレーとかち推進協議会［2018］に掲載の登録数）に変更。

少、国際競争の激化等による経済のグローバル化等、地域経済を取り巻く環境は目まぐるしく変化してきている。このような環境下において、地域経済・地域社会を活性化するためには、以下に示すような地域産業政策への対応が重要となってきている。そこで本節では、２０１８年５月に実施したフードバレーとかちの担当部署である帯広市役所産業連携室へのヒアリング調査の結果をもとに、フードバレーとかちの現状と新規事業創出に資する人材育成事業の取り組みについて述べていく。

フードバレーとかちは、帯広市の米沢則寿氏が市長選挙の公約としてフードバレー構想を公約として掲げ、当選したのを契機に２０１０年４月より開始した。経済成長戦略としてフードバレーとかちを提唱し、「農業を成長産業にする」「食の価値を創出する」「十勝の魅力を売り込む」という３つの視点を提示している［米沢２０１３］。オール十勝でフードバレーを推進するために、２０１１年７月には帯広市を中心として、十勝管内の行政機関、大学・試験

表2　フードバレーとかちの基本方向

・食や農業に関する産業集積は、比較優位性があり競争力のある分野
・農林漁業と生産・加工・販売等の連携による十勝型フードシステム形成を推進
・十勝の経済成長戦略として推進しアジアの食と農林漁業の集積拠点を目指す
・フードバレーとかちの旗印のもとに、自主・自立の地域経済の確立を目指す

出所：フードバレーとかち推進協議会［2012a、2012c］より筆者作成。

機関、農商工団体、金融機関等、41団体が集結し、地域産業振興の支援や情報共有をおこなうフードバレーとかち推進協議会が設立された。協議会の事務局・運営は帯広市産業連携室がおこなっており、実質コーディネーターの役割を担っている（図1）。当協議会は、「フードバレーとかち」の主旨に賛同する企業・農林漁業者・団体等を「フードバレーとかち応援企業」として募集しており、2013年2月の127企業から2018年8月末で411企業が加入し、3・24倍へと大幅な拡大を見せている。

フードバレーとかち推進協議会では、事業の理念やビジョン・ミッションおよび戦略として「フードバレーとかち推進プラン」（推進プラン）と「フードバレーとかちの施策展開～戦略プラン～」（戦略プラン）を策定している。推進プランは、「食と農林漁業を柱とした地域産業施策「フードバレーとかち」をとかち全体でスクラムを組んで進めるための基本方向や展開方策などを示すもの」と明記されている。表2は、フードバレーとかち推進協議会［2012a、2012c］において整理された4点の基本方向を示したものである。これらの方向には、十勝地域における産業の現状を踏まえ、他産業との連携・ネットワーク構築を推進し、経済拠点形成のための集積効果を目指すとともに、地域経済の自主・自立を促す将来ビジョンが描かれている。

次いで戦略プランは「フードバレーとかち推進プランの施策の柱立てに基づく施策の取り組みの方向性を示すもの」であるとしている［フードバレーとかち推進協議会2012b］。また、「今後、この方向性に沿って、定住自立圏共生ビジョンに盛り込まれた関連事業や市町村が連携した取り組みを展開するとともに、フードバレーとかち推進協議

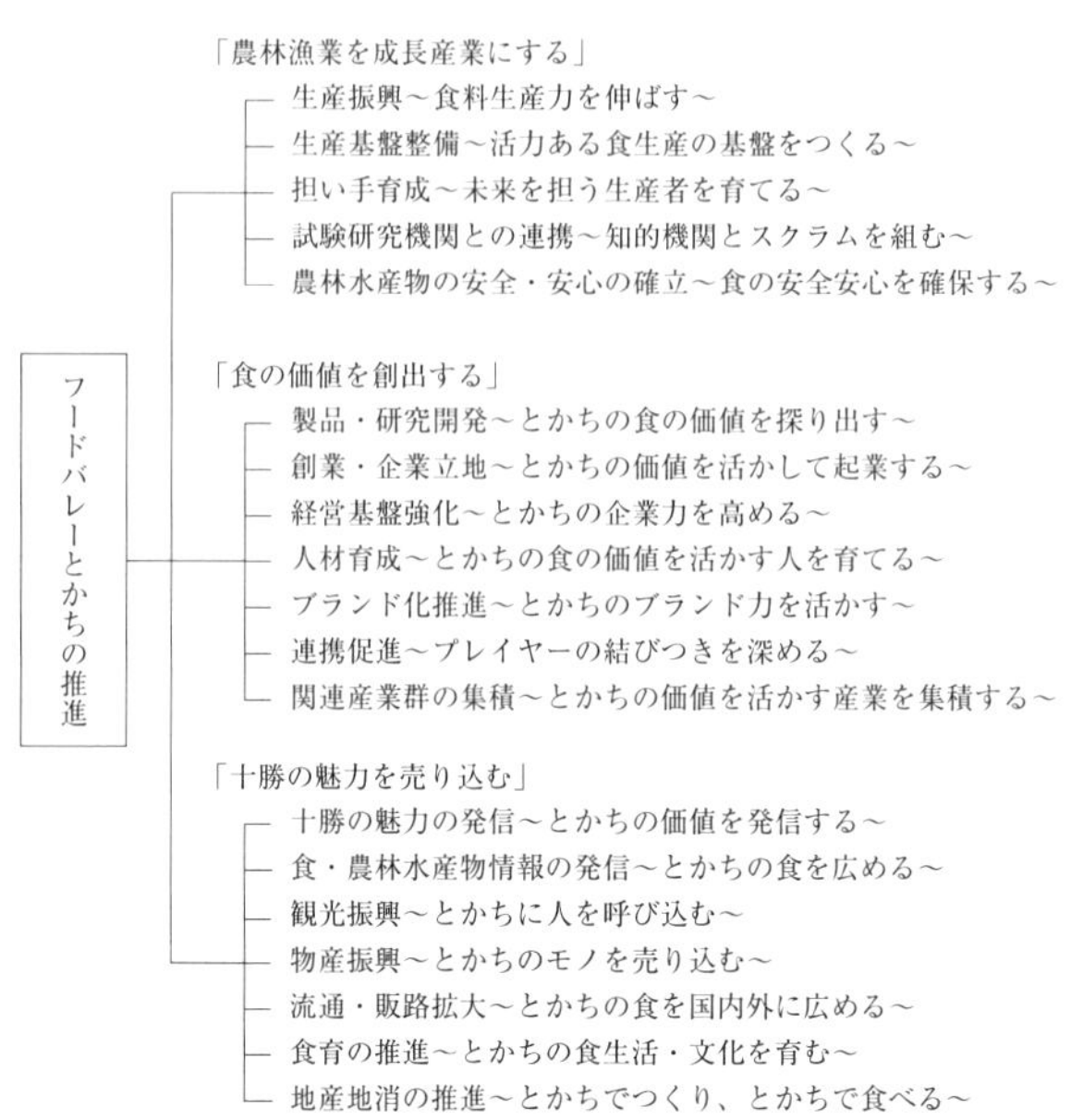

図2　フードバレーとかちの展開方向

出所：フードバレーとかち推進協議会［2012a］『フードバレーとかち推進プラン』、17頁より転載。

会のプラットフォーム機能を活用し、生産者や企業等と連携しながら、域内・域外との多様な結びつきにより、「フードバレーとかち」を推進」していくと明記されている。具体的には図2に示すように、展開方向は（「農林漁業を成長産業にする（基本価値）」、「食の価値を創出する（付加価値）」、「十勝の魅力を売り込む（需要創出）」）およびそれにまつわる19の施策で構成されており、地域の競争優位性を考慮しながら、十勝型のフードシステムを構築していくことが掲げられている。

(2) フードバレーとかちの取り組み事業

本項では、フードバレーとかちの取り組みにおいて、様々な事業展開・成果実績があるなかで、十勝の地域産業の活力向上に資する取り組みについて、特に、製造・販売のプロセス事業に関する人材育成事業の取り組みについて述べていく。

フードバレーとかち推進協議会では、事業関係者のための勉強会・講演会・セミナー等を実施している。また、人材育成等の取り組みでは、「フードバレーとかち人材育成事業」、「十勝人チャレンジ支援事業」や「とかち・イノベーション・プログラム」を支援している。これらの取り組みの結果、以下に示す事業展開が成果として現れてきている。

まず、「フードバレーとかち人材育成事業」は、２０１２年より地域の経済発展に向けてリーダーシップを発揮できる人材の育成を目的とし、帯広市と帯広畜産大学が共同で事業を手がけている。この事業では、食・農畜産業分野での新製品開発や販路拡大等について実践的な講義や実習を実施している。こうした事業を通して資格取得等の支援もしており、例えば、ＨＡＣＣＰ認証の取得支援では２０１０年に4件の取得施設数であったが、２０１６年には21件となる等、確実に成果を上げている。

次いで、「十勝人チャレンジ支援事業」では、主に20代から40代で十勝管内に居住している者を対象に、資金提供（１００万円）をおこなっている。具体的には、国内外問わず、各自が興味ある地域で調査や研究をおこない、そこから得た経験に基づく新たな事業展開の模索・実施に対して支援をおこなっている。こうした新たなチャレンジへの支援が最終的には新事業へと発展している。一例を挙げると、全国で販売されている電子レンジ専用十勝ポップコーンの商品開発・生産・販売への支援がおこなわれ、北海道知事賞を受賞している。２０１３年から２０１６年までの間に、計27組31人が調査研究を実施しており、十勝を牽引する産業人の育成・支援が図られている。

最後に「とかち・イノベーション・プログラム」では、事業創出のための仕組みづくりとして、十勝の事業者や企業予定者と全国の革新的経営者との交流により、新たな事業の創出が図られている。その背景には、十勝に根を張る人材が主役であるが、同質のムラ社会からはイノベーションは起こらない。イノベーションを起こすためには、外の血を使ってかき混ぜる混血型の事業創発が必要であるとの考えがある〔米沢２０１５〕。本プログラムは２０１５年に開始し、２０１７年の第3期までに２０４名の参加者（登録数）、28件の事業構想を発表し、２０１８年5月現在で7つの事業が会社設立に至っている。

その他にも、地域の枠を超えた取り組みとして、フードバレーを推進している静岡県富士宮市や熊本県八代市との交流をおこない、共同でマルシェを開催する等のＰＲ活動をおこなっている。今後、国内の食料消費が減少するなか、世界に目を向けると人口増加による食料消費の増加が予想される。そのため、フードバレーとかちでは、農業を中心としつつも関連事業や他産業への支援をおこなっていくことも視野に入れている。例えば、農業を支えるエネルギーやバイオマス事業への参入、肥料等の農業生産資材の生産・販売、製造業への展開等、農業と関連産業を組み合わせた複合化による多様なビジネスモデルを構築し、世界、特にアジア市場を見据えたオール十勝での展開を模索している。

以上のように、フードバレーとかちでは、地域特性や優位性等の強みを活かし、農業・関連産業を中心に、十勝全体がスクラムを組み共通の戦略構築と合意形成、産業間連携の強化を図っていた。またフードバレーとかちでは、コーディネーターを担っている協議会を中心としながら、それぞれの取り組みが単発の事業ではなく、地域に根ざしたビジネスとして展開していた。

4　糸島市食品産業クラスターの事例

本節では、『平成29年度日本農業経営学会研究大会　地域シンポジウム「都市近郊農業における多様な事業展開と新たな挑戦――糸島の「食」と「農」の連携と将来展望」』の報告資料作成に実施したヒアリング調査および南石・長命［２０１７］を要約する形で、福岡県糸島市における糸島市食品産業クラスターの実態について述べていく。

（１）糸島市食品産業クラスター協議会設立の背景

糸島市食品産業クラスター協議会発足の社会的背景として、これまでの糸島産業の動向は、個人事業者や中小企業が単体で、ものづくりや販促活動、宣伝活動をおこなっていたが、個々の事業者の自助努力では糸島に潜在している多様な地域資源を利活用するには限界があった。そうした時、全国各地から糸島の魅力に惹かれて移住した住民が増加し、いわゆる「糸島ブーム」が生まれた。福岡市からの良好なアクセスや様々な立地スポットが話題となり、年間の観光客は２０００年の２６０万人から２０１４年には５８０万人へと倍増［糸島市企画部企画秘書課２０１６］し、地元の飲食店や観光スポットの集客数・売上は大幅に増加した。しかし、今後の発展を考えると糸島ブームだけでは将来の先細りを感じており、持続的な糸島発展のためには、日本国内への事業展開のみならず、海外を視野に入れた展開が必要であることを地元企業者たちは意識レベルで認識していた。これまでのように個々の自助努力では限界があることから、個の力を十分に発揮できる組織、産・官・学が連携した組織作り、活動が必要であった。

そこで設立されたのが、糸島市食品産業クラスター協議会である。協議会においては、糸島の発展が各企業の発展との想いが込められている。地場産業が盛り上がることにより、雇用が促進され、持続的な地域活性化へと結びつくことが期待されている。

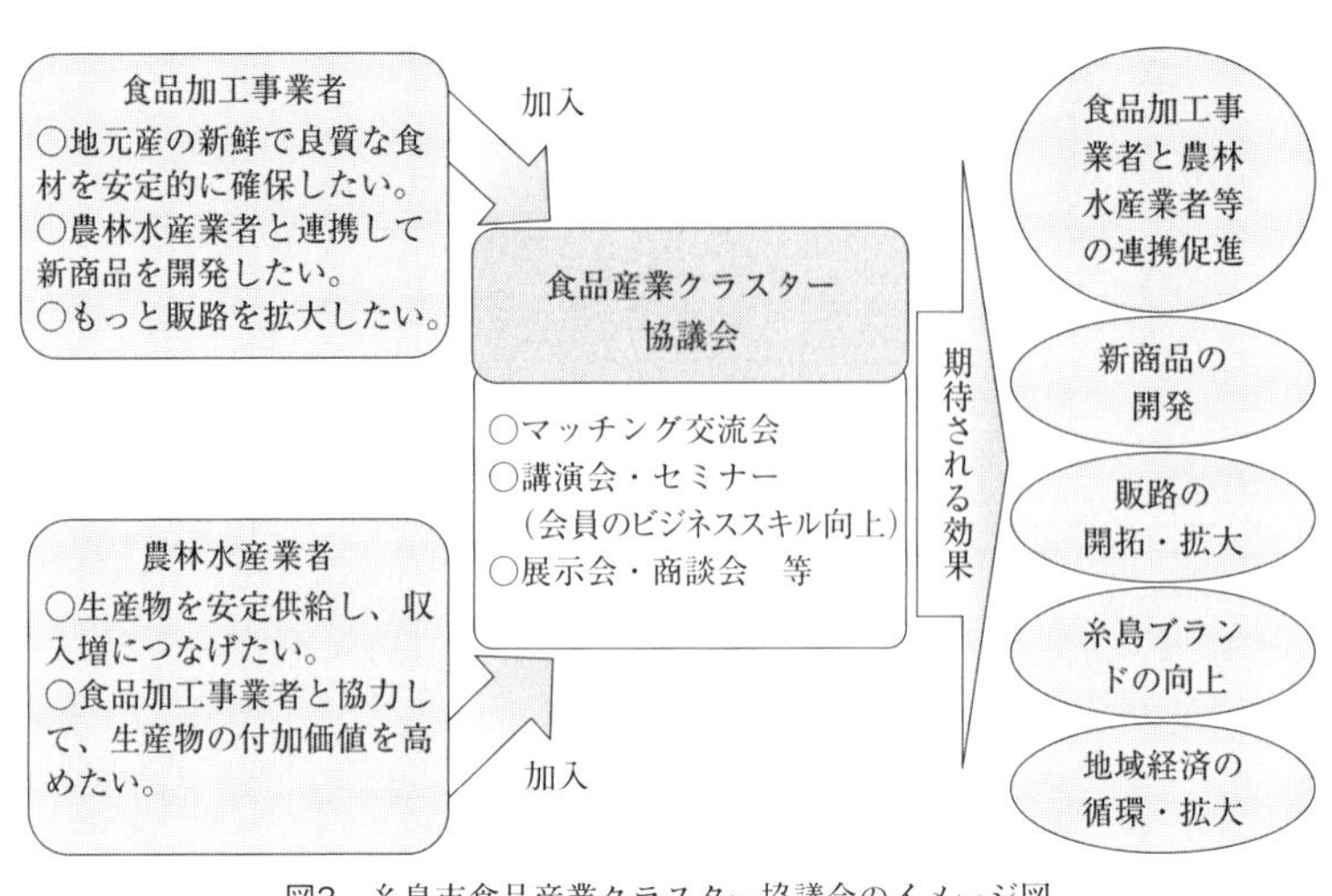

図3　糸島市食品産業クラスター協議会のイメージ図

注：南石・長命［2017］20頁を一部加筆修正。

(2) 糸島市食品産業クラスターの取り組み事業

食品産業クラスターの設立は２０１６年５月とまだ新しい。設立当初の会員数は27社であったが、加入希望は増加し、２０１７年８月末で36社となっている。現在の協議会会長には、明太子等の製造・販売をおこなっている食品企業の株式会社やますえの社長が就任しており、食品企業や農業者とのつながりを意識したボトムアップ型の組織運営となっている。

図３は、糸島市食品産業クラスター協議会の取り組みイメージを図示したものである。食品加工事業者としては、「地元産の新鮮で良質な食材を安定的に確保したい」、「農業者と連携して新商品を開発したい」、「販路を拡大したい」等のニーズがあり、農業者では、「生産物を安定供給し、収入増につなげたい」、「食品企業と協力して、生産物の付加価値を高めたい」等が潜在的なニーズとして存在していた。食品産業クラスターでは、こうしたニーズに対して、会員同士の交流の場であるマッチング交流会や会員のビジネススキル向上を図るための講演会・セミナーの開催、展示会や商談会の開催等を実施している。このように食品企業と農業者、流通・販売業者等の連携を図ることで、地域食材・人材・技術等の資源

を有効に結びつけ、新商品開発や販路開拓・拡大、新たな糸島ブランドの創出を図り、地域経済が循環・拡大していく事業を展開している。

以下では、食品産業クラスターにおける3つの主要な取り組み事業について述べていく。第1は、食品安心安全講習である。消費者の食品に対する安全意識が高まる一方で、食品表示の偽装や食品衛生に関する問題が毎年のように世間を賑わすようになってきている。そのため、食品の安全性や消費者への信頼性向上を図っていくことが食品を取り扱う事業者に求められている。しかしながら、公益法人が主催する食品講習会等の受講料は高額なため、一企業や商店での参加は困難な状況である。そのため、食品産業クラスターが主体となり、年に3、4回のペースで独自の講習会・セミナーを開催している。

第2は、新商品開発である。糸島の食材や資源を利用し、会員同士や高校生とのコラボレーションにより、様々な商品開発をおこなっている。例えば、「ふともずくプロジェクト」[5]では、食品産業クラスター協議会とJF糸島（糸島漁業協同組合）との間で糸島産ふともずくの商品開発を開始した。その後、博多女子高等学校がマーケティングを、民間事業者（アジアン・マーケット）がプロモーションをおこない、糸島市を含めたプロジェクトへと展開していった。プロジェクトスタート後、売上高は1年半で約6倍、初年度は約3000個の販売数が約2万1000個と約7倍へと拡大した。こうした事業プラン取り組みが評価され、「地方創生☆政策アイデアコンテスト2016」において、最優秀賞「地方創生担当大臣賞」等を受賞する等数々の賞を受賞している。現在は、糸島市食品産業クラスター協議会と博多女子高校の第2弾のコラボ商品（「だしスープっ鯛！」）の販売が開始されている。

第3は、糸島ブランドの販路開拓である。糸島の食材を利用した食品や商品の物産展等の開催や百貨店や量販店への販売提案（例えば、百貨店でのふるさとグルメフェアに出展等）をおこなう等、様々な取り組みをおこなっている。食品産業クラスター内で開発されたコラボ商品の販路開拓を例に挙げると、東京の大手百貨店への販売提案がある。一般的に、地方の自社製品を大手百貨店に置いてもらうことは交渉自体困難であるが、クラスターとして商談会を実施すれば、大手百貨店に自社商品を展示・販売してもらえる可能性が広がる。一方、百貨店としてはオリジナリティのある様々な糸島ブランドの商品を展示することで集客力の向上につながる。また、コラボ商品を広報誌やチラシに掲載してもらうことで糸島の食品・食材を世の中にアピールすることができる。結果として、糸島の企業は自社製品を大都市にアピールすることができ、百貨店においても物産展等のイベント時に新規性のある商品の陳列による集客が望める。さらに食品クラスターにおいては、糸島ブランドをアピールする場となるため、三方にとってメリットのあるものとなる。

以上のように、食品産業クラスターが設立されたことで、百貨店や量販店への販売提案・イベント開催、協議会会員の連携による新しい商品開発・商品化等、これまで個人対応では見られなかった成果が生まれ始めている。今後は、糸島産物の地域内外への展開を図るため、地域外に向けては百貨店や量販店への販売提案の強化を、地域内に向けては、地産地消の推進や地元学校給食の自給率向上を図っていくことで地域活性化の推進を目指している。さらには、地元地域での取り組みの枠を超えて、国内への展開のみならず、アジア市場を中心とした海外展開を図ることも視野に入れた活動の展開を図っている。

5 新たな地域ビジネスモデル構築の可能性
――コーディネーターの役割とプラットフォーム形成への展望

本章では、先進的な事例としてのフードバレーとかち（第3節）および後発的な事例としての糸島市食品産業クラスター（第4節）を取り上げ、広義の食料産業クラスターの展開について検討してきた。本節では、将来展望も含めた新たな地域ビジネスモデル構築の可能性、特にコーディネーターの役割とプラットフォーム形成への展望について述べることで本章のまとめにかえたい。

食料産業クラスターが持続的に展開していくには、参加する農業者や食品企業（プレーヤー）と支援する協議会や協賛企業等（フォロワー）の連携関係の把握（ポジショニング）が重要である。具体的には、誰のための組織（協議会）であり、誰が組織をコーディネートするのかといった基本的かつ根本的な問題について改めて確認することが重要であるといえる。

食料産業クラスターや農商工連携、6次産業等の事業が開始した当初、行政は加工場や集荷場等のハード面への支援に注力し、コーディネーターは行政関係機関で組織・運営され、行政主導のトップダウン的な色合いが強かった。しかし、会計検査院［2011］の分析結果で示されているように、実際の事業実施においては、現場の実需者にとっての成果と結びついているとはいえない実態があった。これまでの状況を鑑みると、農業者および企業を組織・支援するにあたっては、ハード面でなくソフト面での組織運営・支援が重要であるといえる。このことは換言すると、組織運営と他の会員（メンバー）とを結びつけるコーディネーターの役割が重要であることを意味している。今後は、農業者や食品企業等、現場の実需者がクラスターを主導・牽引していくことが重要であるといえ、行政機関はそのサポート役に回るべきであろう。

本章で示したように、フードバレーとかちは帯広市産業連携室が協議会の事務局となり、組織を運営しているが、様々な人材育成・新商品開発のために、イベントを開催する等の支援をおこなっている。また糸島市食品産業クラスターは、糸島市産業振興部が事務局を担っているが、食品企業や農業者が連携し主導・牽引することで糸島の農産品や食品を広くアピールしていきたいと考えている。これらの事例より、組織運営の方向としては、より現場に近い人々が関わり合いを持って、ボトムアップ型のクラスターを組織して、取り組むことが重要であると考える。このことは換言すると、個々の農業者や食品企業における「点」的な事業展開・行政支援ではなく、地域を挙げての「面」的な展開・支援を図っていくことの重要性を示唆するものといえる。

また同時に、地域の課題や将来展開を認識しつつ、いかに5年先、10年先を見据えた戦略が実行可能となるプラットフォームを形成していくかが重要であるといえる。例えば、フードバレーとかちでは、帯広市、大学、食品企業、農協と農業者がプレーヤーとなり、連携可能なプラットフォームを形成している。そのなかでは、大学が有している知的資材の共有（十勝農業に寄与する作物の品種改良や育種改良）や新たな支援事業（例えば、資格支援事業）等がおこなわれている。また、糸島市食品産業クラスターにおいては、会員自らの動きにより、セミナー開催やコラボ商品開発等の事業を実施している。これらの例に見られるように、様々な機関・組織が有しているシーズと現場の人々のニーズとの組み合わせが今後ますます重要になってくるといえるだろう。

最後に、食料産業クラスターの今後の展望として、これまでは地域内でのネットワーク形成や事業連携・展開が図られてきたが、今後は、アジア市場や世界市場を見据えた、多様なビジネス展開への動きが顕在化しつつある。本章で取り上げた2つの事例も国内展開のみならず、アジア市場を中心とした海外展開も視野に入れていることから、食料産業クラスターの展開は、様々な形態を変えながらも次なるステージに突入しつつあることを示唆しているといえる。

［謝辞］フードバレーとかちへのヒアリングに際しては、佐藤正衛氏（国立研究開発法人農業・食品産業技術総合研究機構　北海道農業研究センター　上級研究員）に多大なるご尽力を頂いた。改めて感謝の意を記す。また、本章の研究成果は、日本学術振興会基盤研究（C）（課題番号：18K05870、研究代表 長命洋佑）による研究成果に基づくものである。

注

（1）「「フードバレー」という言葉は、アメリカのコンピュータ産業の集積地帯を「シリコンバレー」と名付けたことに由来しており、食産業の集積が進んでいる地域の呼称として使われている」［金山2013］。
（2）なお、組織や協議会等の名称に関しては、実際の名称を用いている。
（3）農商工等連携関連2法とは、「中小企業者と農林漁業者との連携による事業活動の促進に関する法律（農商工等連携促進法、2008年7月21日施行）」および「企業立地促進等による地域における産業集積の形成及び活性化に関する法律の一部を改正する法律案（企業立地促進法改正法、2008年8月22日施行）」である。
（4）食料産業クラスター以降に実施された農商工連携や6次産業化事業に関しても会計検査院は同様の指摘をしている。詳細は会計検査院［2014］を参照のこと。
（5）福岡県糸島市の地元漁師4名が、糸島市芥屋の海で育てているもずくであり、他産地のもずくよりも太いことが特徴である。

参考文献

糸島市企画部企画秘書課（2016）『平成28年版　糸島市統計白書』
http://www.city.itoshima.lg.jp/s005/010/050/010/050/zentai.pdf　2018年8月15日参照。
会計検査院（2011）「食農連携事業による新商品の開発等について（平成23年10月19日付　農林水産大臣宛て）」http://

report.jbaudit.go.jp/org/h22/2010-h22-0391-0.htm　２０１８年８月27日参照。

会計検査院（２０１４）「農山漁村６次産業化対策事業等における事業効果等について（平成26年10月24日付　農林水産大臣宛て）」http://report.jbaudit.go.jp/org/h25/2013-h25-0458-0.htm　２０１８年８月27日参照。

金山紀久（２０１３）「十勝型フードシステム「フードバレーとかち」を考える」斎藤　修・金山紀久編著『十勝型フードシステムの構築』農林統計協会、23～38頁。

斎藤　修（２０１１）『農商工連携の戦略――連携の深化によるフードシステムの革新』農文協。

斎藤　修（２０１３）「６次産業・食料産業クラスターとフードシステム」斎藤　修・金山紀久編著『十勝型フードシステムの構築』農林統計協会、１～21頁。

髙橋　賢（２０１３）「食料産業クラスター政策の問題点」『横浜経営研究』34（２・３）１２５～１３７頁。

内閣府（２０１６）「日本再興戦略　２０１６――第４次産業革命に向けて」https://www.kantei.go.jp/jp/singi/keizaisaisei/pdf/2016_zentaihombun.pdf　２０１８年８月25日参照。

南石晃明・長命洋佑（２０１７）『平成29年度日本農業経営学会研究大会　地域シンポジウム「都市近郊農業における多様な事業展開と新たな挑戦――糸島の「食」と「農」の連携と将来展望」報告要旨』九州大学大学院農学研究院農業経営学研究室、22頁。

農林水産省（２００６）「食料産業クラスターについて」http://www.maff.go.jp/j/study/tisan_tisyo/h18_03/pdf/data7.pdf　２０１８年８月27日参照。

藤芳雅人（２０１５）「フードバレーとかちで取り組む魅力ある地域づくり」『ＮＥＴＴ』89、52～55頁。

フードバレーとかち推進協議会（２０１２ａ）「フードバレーとかち推進プラン」http://www.foodvalley-tokachi.com/fvt/wp-content/uploads/2015/02/120417suishin-plan.pdf　２０１８年７月24日参照。

フードバレーとかち推進協議会（２０１２ｂ）「フードバレーとかちの施策展開～戦略プラン～」http://www.foodvalley-tokachi.com/fvt/wp-content/uploads/2015/02/120417senryaku-plan.pdf　２０１８年７月24日参照。

フードバレーとかち推進協議会（２０１２ｃ）「フードバレーとかちの施策展開～戦略プラン～（概要版）」。http://www.city.obihiro.hokkaido.jp/sangyourenkeishitsu/b00foodvalley-suishinplan.data/120417senryaku-gaiyou.pdf　２０１８年７月24日参照。

フードバレーとかち推進協議会（２０１８）「フードバレーとかち応援企業の紹介」 http://www.foodvalley-tokachi.com/?page_id=20 ２０１８年8月25日参照。

森嶋輝也（２０１３）「食料産業クラスターにおけるネットワーク形成」『フードシステム研究』20（2）、１２０～１３０頁。

森嶋輝也（２０１６）「地域ブランドを核とした食料産業クラスターの形成――長野県「市田柿」のネットワークを事例に」斎藤 修（監修）・佐藤和憲（編集）『フードシステム革新のニューウェーブ』３０１～３１５頁。

米沢則寿（２０１３）「帯広市長挨拶」斎藤 修・金山紀久編著『十勝型フードシステムの構築』農林統計協会、ｖ頁。

米沢則寿（２０１５）「とかち・イノベーション・プログラム――十勝 Outdoor Valley DMO 設立に向けた動き」https://www.kantei.go.jp/jp/singi/sousei/meeting/chiiki_shigoto/h27-12-08-siryou4-1-2-1.pdf ２０１８年8月25日参照。

第4章 新たな流通形態をとる農業経営
――6次産業化の推進による流通経路開拓

堀田 学

1 農産物流通の新たな経路形成に向けて

既出書『「農企業」のアントレプレナーシップ』において、「先進的経営体による革新は一握りの起業家精神を持った経営者だけでなされるものではなく、特にその持続的展開のためにも多様で健全に地域の農業を担う他の「農企業」や、関係機関の存在が不可欠である」ことを仮説として導いている[1]。これを受け、本章では農業経営体のマーケティング活動において、関係機関や他の事業体がどのような役割を担っているかを考察することを目的としている。すなわち、先進的経営体が販売活動を展開する際、新たな流通経路形成が重要な課題となるが、公共機関、アドヴァイザー、流通業者等によるサポートのあり方を事例的に分析する。

農産物の流通経路形成について、既存の趨勢的な流経路は系統出荷による卸売市場流通であろう。系統出荷では、選果、販売、代金決済に要する大半の機能を農業協同組合に委託しており、自らの活動は農産物の生産に特化している。また卸売市場はあらゆる品目、等級を取り扱う制度的義務と許容力を持つが、取引の公平性、公正性を重視し、国民への安定的な食糧供給を主眼として整備されてきたため、汎用性商品の大量流通に適した流通機構である。そのため特殊な農産物の場合、市場外流通を採用する方が有利な販売が実現するケースがある。例えば、品種や栽培方法など特殊な農産物の場合、実需者が必然的に限定されるため、卸売市場の中継機能を要せず、市場外流通の方が利便性・収益性の上でメリットが見出されるケースである。

しかしながら農業経営者が新規に販路を形成するのは容易ではない。それに付随して適切な商品情報提供、販路発見、商談・交渉等、多くのマーケティング活動が必要となるからである。これらは経営者独自でおこなうのは難しく、関連機関・業者の連携・支援が重要であり、近年では6次産業化推進の一部として支援を受けられる。

そこでまず、6次産業化推進事業の中での販路形成の位置付けおよびサポート体制を示す。ここでは6次産業化に関する唯一の統計的データである「6次産業化総合調査」(農林水産省)および「6次産業化中央サポートセンター実績報告書」を用いて集計的に把握する。ついで、販路形成で多くの実績を持つ6次産業化プランナーによる支援を具体的事例として取り上げ、長崎県、佐賀市による販路形成のための支援のあり方を示す。長崎県からは6次産業化認定事業者として、トマトの高級品種を生産する農業法人である高島農園、柑橘類の希少品種を生産する三好園、佐賀県からは高品質農産物の販路提供者となっているゆめタウン佐賀を事例として取り上げる。最後に、農業経営体への販路形成の支援体制について考察し、改善方向を考察する。

2　6次産業化推進における販路形成の位置づけ

(1) 6次産業化の概念と現状

農産物における新しい販路形成は6次産業化の重要な活動の一つとして位置付けられている。6次産業化の概念の原型は今村奈良臣氏によるものであり、同氏は6次産業を、「農業が1次産業のみにとどまるのではなく、2次産業（農産物の加工・食品製造）や3次産業（卸・小売、情報サービス、観光など）にまで踏み込むことで農村に新たな価値を呼び込み、お年寄りや女性にも新たな就業機会を自ら創り出す事業と活動」と定義づけている[(2)]。

これはコーリン・クラークのペティの法則（経済発展にともなう産業構造の高度化）に着想を得て、1次産業を起点とした産業の複合化（1次産業×2次産業×3次産業）を指し、衰退傾向にある1次産業の新しい活路を示すものであった。

この概念が浸透し、全国的に様々な展開が見られたが、政策的に導入され、制度化されたのは「地域資源を活用した農林漁業者等による新事業の創出等及び地域の農林水産物の利用促進に関する法律」（2010年）（通称、六次産業化・地産地消法）である。これによって、6次産業化が政策的に推進の制度的背景が明確となった。

6次産業化推進の具体的な政策内容が明確に示されたのは「日本再興戦略――JAPAN is BACK」（2013年）である。そこでは今後10年間で農業・農村全体の所得を倍増する戦略が示され、農林水産業を成長産業とすることとされた。同時に2020年の6次産業化の市場規模を10兆円、農林水産物・食品の輸出額を1兆円とする目標値が示された。

現在、6次産業化に関する唯一の統計データである「6次産業化総合調査」（農林水産省）を利用して、6次産業化の展開を金額ベースで見ると、表1のような推移がみられる。すなわち、①農産物の加工と農産物直売所で大半を占めていること、②販売金額では小さいがその他農業生産関連事業の成長率が著しい傾向が読み取られる。特に流通の側面から見ると、農産物直売所の売り上げによるものはデータとして存在するが、流通の工夫による農業経営の新しい在り方をみる生鮮品に関しては、直売所以外で販売されている場合、統計上では把握できない。

そこで6次産業化中央サポートセンターの年間取扱案件数を見ると、2017年度のプランナー派遣実績数1036案件の内訳は以下のとおりである（図1）。これを見ると新商品の販路開拓は他の依頼内容よりも大きく（25％）、最も重要な支援依頼内容となっていることがわかる。すなわち6次産業化に取り組む事業者においては、マーケットイン型のマーケティング概念は十分浸透できておらず、生産に特化し、販路形成においては第三者の支援を求めている実情を反映している。

（2）農業事業者の販路形成のサポート体制

農産物の販売支援は県、市・町の商工部門、農業水産部門が受けられる体制が整えられている。そこでは地域ブランドの認証、宣伝、種々のイベントの開催等を通した販売支援がなされることが多い。先に示した6次産業化・地産地消法に基づく支援機関は、6次産業化サポートセンターであり、直接現場で支援する6次産業化プランナーが設定されている。この6次産業化プランナーとは、「6次産業化に取り組む農林漁業者の皆様の相談に応じてアドバイスをおこなうため、6次産業化サポートセンターに登録された専門家」（農林水産省）

表1　6次産業化における農業生産関連事業の年間販売金額の推移

単位：100万円、%

年	農産物の加工	2010年=100	農産物直売所	2010年=100	観光農園	2010年=100	その他農業生産関連事業（農家レストラン等）	2010年=100	合計	2010年=100
2010	778,332	100.0	817,586	100.0	35,246	100.0	24,072	100.0	1,655,236	100.0
2011	780,118	100.2	792,734	97.0	37,622	106.7	26,345	109.4	1,636,819	98.9
2012	823,730	105.8	844,818	103.3	37,932	107.6	38,645	160.5	1,745,125	105.4
2013	840,670	108.0	902,555	110.4	37,766	107.1	36,477	151.5	1,817,468	109.8
2014	857,678	110.2	935,630	114.4	36,430	103.4	37,495	155.8	1,867,233	112.8
2015	892,291	114.6	997,394	122.0	37,798	107.2	40,564	168.5	1,968,047	118.9

出所：6次産業化総合調査（農林水産省）より作成。

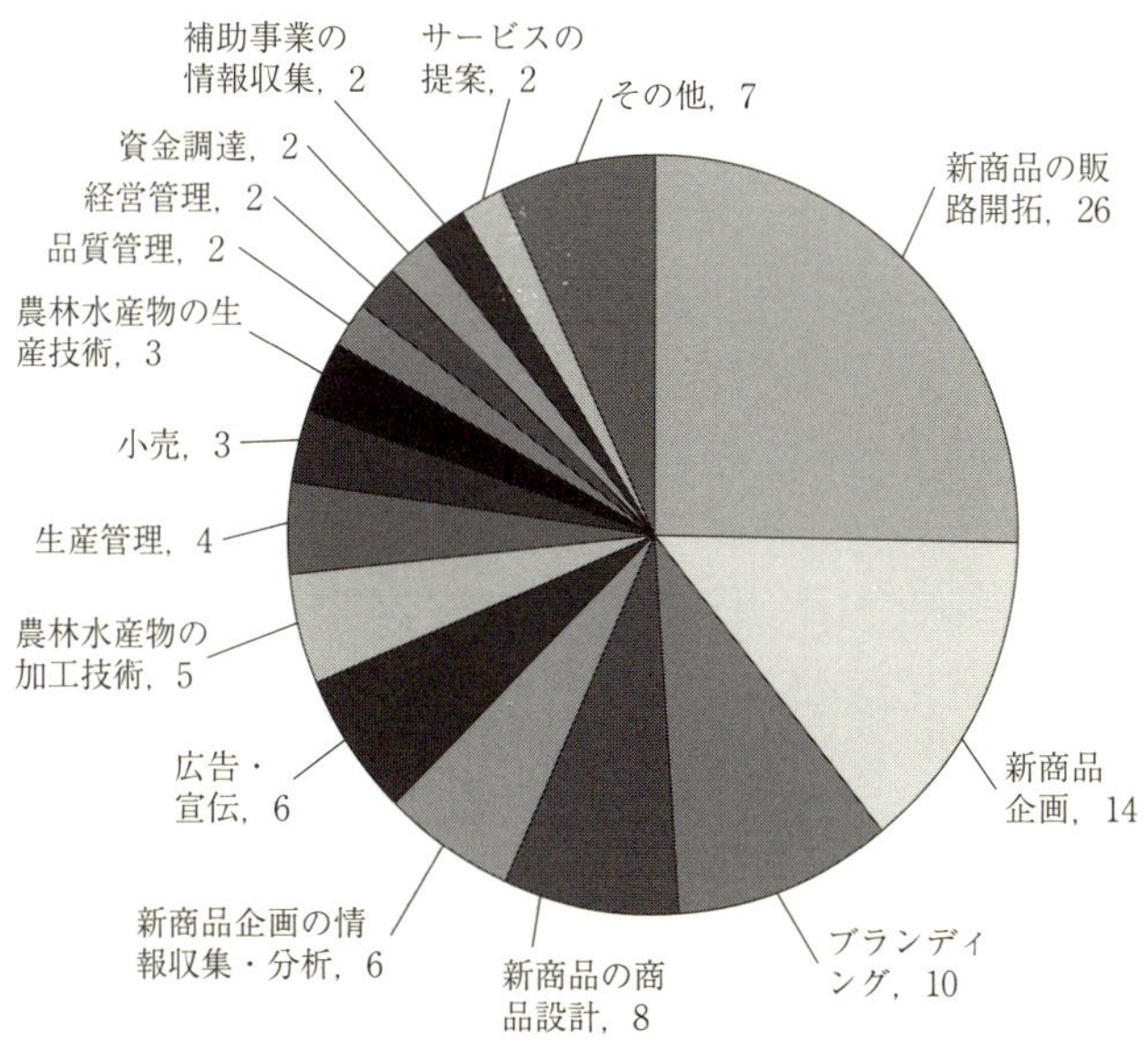

図1　農林漁業者から6次産業化中央サポートセンターに対する支援依頼内容（2017年度）　単位：%

注　：1案件あたり3項目選択している。

出所：「6次産業化中央サポートセンター実績報告書」農林漁業成長産業化支援機構（2018年3月）より作成。

を指し、6次産業化に取り組む農林漁業者等に個別にサポートする仕組みである。6次産業化プランナーはサポートセンターごとに設定され、全国段階と各道府県段階の2種類が存在する。多様な内容に対応できるために、専門分野（例えば食品加工、製造の安全性対策、輸出、パッケージ等）の異なるプランナーを登録しており、全国で200名強、各道府県には20～30名程度を登録している。ただし都道府県段階では基本方針の相違、6次産業化プランナーの人数・専門性の相違から支援の質・量は一様でない状況にある。

ここでは販路形成に特化したプランナーによる支援を取り上げ、販路形成への寄与を事例分析する。

3 事例分析

(1) 6次産業化プランナー山田智子氏について

山田智子氏は6次産業化プランナー制度初年度（2010年）から福岡県、大分県、鹿児島県、後に長崎県6次産業化中央サポートセンターに2013年から兼任し、販路形成・商品化提案において数多くの実績を持っている。

同氏は1998年に、資本金300万円で食品の卸売業ハーバルサンケイを起業した。現在、従業員数5人、2017年には年間売上高1億円弱まで成長させている。事業内容は生産方法にこだわった野菜、フレッシュハーブ等の高級生鮮食材を中心に、献上米やオーガニックジュースのブランド展開（博多豪商シリーズ）を展開している。

1985年頃、スポーツクラブ（東京）のリラクゼーション部門のプロデュースを担当した際、輸入のドライハーブしかみられなかった当時、生鮮ハーブを活用したサービスを考案し、限られた生産者のハーブを供給したことが生鮮品の取り扱いの発端となっている。当時は輸入品のドライハーブが中心であり、富良野（北海道）、枕崎（鹿児島）の数少ない国内生産者の供給を受けていた。これらの生産者の協力を得ながら、生産者を増やし、徐々に輸入品から国産生鮮ハーブに切り替えていった。この営業活動の中でホテルの料理長が高品質のフレッシュハーブを評価し、生鮮品の事業に本格的に着手した。生産者との取引方法は全量買い取り方式で、価格設定はコストアップ式で再生産価格を確保し、年間一定の価格決定方法を採っている。現在約３００戸の生産者と取引があるが、生産者の育成には県普及センター、市農業部門担当者等との連携が重要であり、長期的対応が必要だと考えている。

ここでは山田氏が販路形成において支援した農業経営体の事例を取り上げるとともに、県・市、および6次産業化サポートセンターの支援の実情を示す。

(2) 長崎県の事例

①長崎県農林部の取り組み

長崎県では農産加工流通課が6次産業化の推進、農産物の販売支援を担っている。同部署では県内農産物の加工・流通の販売支援・生産振興を目的として、農産加工品を対象として地域ブランド「長崎四季畑」を２０１４年から設定している。そこでは製品の品質、衛生面、商品性の3側面の基準から専門家が審査・認証し、3年を期限とする認証を与える制度を採っている。現在、43事業者の53品目が認定を受けている。認証を受けると、県内の土産店・物産館、県庁生協店、道の駅、アンテナショップ（東京）、取扱店への取り次ぎのほか、商談会への出展、販売フェアの開催、メディア等を通じたPRが得られるメリットがある。

写真1　糖度計を用いたトマトの等級の分類作業（高島農園）
出所：筆者撮影。

長崎県では6次産業化法に基づく認定事業者を34者（2018年1月現在）得ている。この認定を受けると低金利の融資や補助金等や事業改善のサポート、広告宣伝等、メリットが得られる。

ここではそれらの認定事業者のうち、山田氏の支援を受けている高島農園（トマト）、三好園（新品種柑橘）の事例を示す。

②高島農園のトマト販売

高島農園は長崎市高島町に位置し、トマトを中心とした生産をおこなっている農業法人である。高島は長崎港南西14・5キロメートルに位置する面積1・24平方キロメートルの離島であり、以前は炭鉱で発展していた。1960年には2万938[3]あった人口が1986年の炭鉱閉山後、382人（平成27年国勢調査）まで減少している。石炭に代替する産業振興として、農業生産特区の認定を受けて、第3セクター方式でトマト生産に着手したのが現在の農業経営の発端である。しかしながら経営状態の悪化から、当該農業事業は売却、競争入札され、事業計画の適切性から崎永海運（海運業者）が落札し、経営を引き継ぎ現在に至っている。長崎県はトマトの生産量は大きいが、当法人では糖度の高い、ファーストトレディ（南米原産のファーストパワーの改良品種）を生産している。一般的な品種と栽培方法が著しく異なるため、暫時の改善を通して、現在の安定的な品質・生産量が実現されている。

2013年からはパッケージデザイン等を一新し、「高島フルーツトマト」としてブランドを強化している。

糖度で商品を５つに区分しており、糖度10度以上の最上位商品は約４５００円／キログラムと高級商品として販売している。圃場は２・４ヘクタール（１・４ヘクタールと１ヘクタールの２か所）と大きくないが、年間約７０００万円（うち島内直売所７００万円）の売上高となっている。

販路は大口需要者３～４者を中心に形成しているが、この開拓を山田氏が６次産業化プランナーとしてサポートした。例えば高級列車での車内食やレストランへの販路形成であり、量的対応よりも長期的にブランド力を向上させる販路を優先しているという特徴がある。

③三好園　佐世保レモン（味美（みよし））

写真２　三好園の加工品と川久保氏
出所：筆者撮影。

佐世保市で農業経営体三好園を営む川久保三好氏（79歳）は香酸柑橘「味美」を全国で唯一生産し、生鮮品のみならず開発した加工品を販売している。家族経営で、果樹のほか野菜を生産し、農家民泊も営んでいる。

味美は１９７２年頃、親族から変わった柑橘の苗を入手し、接ぎ木して少量栽培していた。当該品種は静岡県柑橘試験場でＤＮＡ鑑定を受け、新品種であることが判明し種苗登録した。

生産については、温州ミカンを１９５９年から生産していたが、県の推奨品目のビワに１９７９年から切り替えた。以前はビワを栽培していた樹園地10アールに味美を２００本定植し、２００３年から本格的に生産を開始し、面積を20アール、４００本に拡大した。２０１７年には森林組合に借地していた森林50アールの返却を受け、ここに1000本の定植を予定している。同時にこれまでの減農薬から完全無農薬への変更を計画している。加工品はストレート果汁ジュース、シロップ、ポン酢、塩漬けに取り組んでおり、商品化・加工とも自らおこなっている。

現在、販路は全量、系統外の出荷経路を選択している。従来、全て系統出荷をしていたが、系統出荷から全量直販に切り替えたのは、ビワの生産を中止して多品種生産に切り替えてからである。

6次産業化プランナー山田氏によるサポートによる成果は、第1に、商品名を「佐世保レモン」としたことである。当該品種はレモンではないが、酸味が強いため山田氏の助言によって消費者に理解されやすい名称を取り入れている。第2に、佐世保レモンの販路形成である。山田氏の助言・紹介によって約半量を道の駅・直売所、残り半量をふるさと納税返礼品のほか、菓子業者、高級列車の車中食に供給する販路を採用している。これは山田氏の人脈に負うところが大きいが、菓子業者への販売は量的にニーズが拡大する可能性と、佐世保レモンの特徴を引き出し、価値を高める可能性を重視していることによる。

(3) 佐賀市の事例

①佐賀市の取り組み――市による販路形成サポート

佐賀市では佐賀市特産物振興協議会を2006年から組織し、年間約450万円の予算をあて、農産物の消費、販売拡大、ブランド化を目的とした活動がなされている。例えば特産農産物の広報事業として、イベント・催事や「軽トラック市」の開催をおこなっている。さらには独自性の高い地産地消推進事業として、「ファーム・マイレージ運動」、「さがん農業サポーター登録制度」を推進している。ファーム・マイレージ運動は2009年から着手した地産地消を推進するための事業であり、農産物を3段階（有機JAS認定農産物、同県特別栽培・

エコ農業認定農産物、市内産農産物）に区分し、順に高い点数がつけられたシールを消費者が集めて特典が得られる仕組みとなっている。さがん農業サポーター登録制度は、消費者の食農教育や生産者との交流を目的とした制度である。現在、約３０００人が登録し、オーガニック生産の研修、農作業ボランティアの開催やイベント等の情報提供をおこなっている。

また加工品については佐賀市６次産業特産品「いいモノさがし」の認定制度を導入している。これには認証委員会を設け、事業計画、品質、パッケージ等を点数化し、認定の是非を決める独自の仕組みが作られ、認証を受けると、多くの補助がうけられる。

写真２　催事によるトマトの販売
出所：筆者撮影。

佐賀市では極めて積極的な支援活動がなされているが、その背景には同地域の特徴があると考えられる。佐賀県の６次産業化振興では加工食品に特化し、アンテナショップが県内・大都市部にも設定されていない実情にある。これを補足するために佐賀市では販路形成には重点的なサポートがなされていると考えられる。上記の取り組みの他、実需者対応の商談会、最終消費者対応の百貨店祭事出展や地産地消フェアの設定等を充実させている。商談会では出展費用の負担、カタログ・チラシの作成、百貨店催事では出展費用、年間６～９回開催されるマルシェ出店の補助までサポートする状況にある。

ここで特徴的であるのが、６次産業化プランナーが接点となって、小売業者との連携を充実させていることである。ここでは６次産業化プランナーによる販路支援として活用するとともに、佐賀市内の重要な販売拠点となっているＧＭＳ（総合スーパー）、ゆめタウン佐賀の事例を示す。

②ゆめタウン佐賀――GMSによる取り組み

ゆめタウンはナショナルチェーン店のGMSであるが、食料品については各店舗の裁量で地域の品目を集荷・販売する方針を採っている。青果物においては、中央一括仕入れと店舗仕入れがほぼ同額となっている。

佐賀県内には店舗が5つ配置されているが、同店は2006年に開業、2016年に増床し経営する、イズミ最大の面積となった。新興住宅街に立地し、九州最大の売上高を持っている。この増床後、2016年からは催事（単発のイベント）からインショップ型直売所「地場野菜コーナー」に着手した。しかしながら、大半の仕入れは仲卸業者や納品業者によるため、仕入れ担当者が催事や地場野菜に出荷可能な生産者の情報は持ちえなかった。

他方、農産物の生産者では、有機JAS認証を得ても佐賀県では道の駅が主な販路であり、そのメリットが生かされていなかった。他県の百貨店等で販売するには、輸送費用が大きな負担となるジレンマを抱えていた。なかでも、緊急に販路を提供しなければならない依頼案件（伊万里の梨）に対して山田氏がゆめタウンの催事に繋ぎ、2日で2トン、1500万円の売り上げを成功させたことが発端となっている。その後、トマト、みかん、アスパラ、佐賀有機研究会、キャベツ、イチゴと多様な産地の品目に展開している。出荷者は比較的若い生産者が多く、ゆめタウン主催親睦会も年間3回程度催し、新しい交流の場となっている。

さらにカタログ販売の商品、特定の農産物（例えばトマト）を取り上げ、ピザ店とのコラボレーションで、生鮮品と調理品を並行して販売するイベントに取り組んでいる。

4　販路形成とその支援体制の発展に向けて

本章では、先進的農業経営体が独自の流通経路を形成する際、関連機関や他の事業体によって受けるサポートのあり方を事例的に示した。このような農業経営体による販路形成は6次産業化推進事業の対象であり、支援案件の中でも最上位に位置している。この事業の公的な支援機関は、都道府県および市町の地方公共団体、専門機関である全国段階での6次産業化中央サポートセンター、都道府県段階での6次産業化サポートセンターによる体制が整えられ、現場の具体的支援は6次産業化プランナーが配備されている。地方公共団体は地域ブランドの認定・普及活動、イベントや商談会まで多くの活動範囲が設定できるが、6次産業化の活動範囲の相違や取り組みの深度など、自治体による活動は格差が生じている実情にあった。6次産業化プランナーは専門性によって多様だが、本章では販売支援に特化したプランナーの活動を事例的に示した。

高級トマトを生産する高島農園（長崎県）は6次産業化認定事業者であり、同様に長崎県6次産業化サポートセンターには、商品公開等の支援を受けていた。また中央サポートセンターのプランナーからは希少性の高いフルーツトマトのブランド力がより高められる可能性が見出される販路形成において支援を受けていた。新品種の柑橘を生産する三好園（長崎県）も6次産業化認定事業者であり、商品公開等の支援等を受けている。中央サポートセンターのプランナーからは商品の理解されやすさを重視した商品名の考案、地元の地名度をあげることを重視した販路形成に支援を受けていた。

また、ゆめタウン佐賀（佐賀県）は、当初、インショップ型の催事に適した生産者を求めており、他方、独自の販路を求めていた農業生産者を中央サポートセンターのプランナーが結びつけ、徐々に出荷者数を拡大させると共に生産者間での組織の拠点となりつつあった。

ここまで、独自の販路形成によって効果をあげている事例を示したが、その形成過程では都道府県・市などの地方公共団体による支援や6次産業化プランナー等の存在意義が大きかった。地方公共団体は行政区域の生産者の付加価値を高めるための地域ブランドの推進、商談会や販売機会の提供が中心的活動であった。6次産業化プランナーは、専門分野に応じて個々の生産者の抱える問題に対応するが、本章で取り上げた事例では、商品化政策の再検討、地方公共団体の方針や流通業者との調整も含め総合的支援がなされていた。これらの役割はサプライチェーンの概念(4)で把握できる。すなわち生産者が新たに流通経路を形成するには、商品生産のみならず、販路形成と物流管理、価格決定および代金決済等の商流、店頭での販売方法の提案、広告宣伝や顧客とのコミュニケーション等、あらゆるマーケティング活動が必要となる。そこでは直接的な取引の対象となる2つの流通段階間の縦列的競争関係を協調的に調整するのみならず、流通経路上に立ち現れる全ての流通主体間、さらには政策的動向や地方公共団体の動向にも配慮し、全体を最適化する調整が必要であり、それには6次産業化プランナーが重要な役割を果たしていた。

最後に農産物生産者の販路形成における現段階での支援体制の問題点および改善方向について指摘しておきたい。第1に、支援機関の情報共有と役割分担の再検討である。現状では全国段階の6次産業化中央サポートセンターと道府県のサポートセンターの役割分担は専門性の水準で区分することとなっているが、その区分は不明確になっている。個別の支援ごとに両者の分担を協議する必要があるが、そのためにはまず事業や支援内容の情報共有が適切になされなければならないだろう。

第2に、支援内容の地域間格差の是正である。道府県、市町の農業関連部署、全国段階および県段階の6次産業化サポートセンターによる制度が全国一律に整備されている。しかしながら実際的には地域によって方針や取り組みに偏りがあり、一様ではない。長期的には支援の範囲・水準の確保が必要となろう。しかしながら短期的には地域間での体制や取り組み水準の相違を把握し、適切に調整・活用できるコーディネーターが都道府県もしくは6次産業化サポートセンターに配備されることが有効となろう。

注

（1）小田滋晃、坂本清彦、川崎訓昭編著『「農企業」のアントレプレナーシップ――攻めの農業と地域農業の堅持』昭和堂、2016年、ii頁。

（2）21世紀村づくり塾地域活性化教育指導推進部企画編集『地域に活力を生む、農業の6次産業化』（財）21世紀村づくり塾、1998年。

（3）小川直樹・田中考明「炭鉱閉山後の離島地域における住民ネットワーク構築へ向けた生活支援のあり方――長崎県高島・伊王島の現地調査を通して」筑紫女学院、2011年、11頁。

（4）黒田氏はサプライチェーン・マネジメントの概念が当初ロジスティクスと同様に用いられていたが、Handfield と Nichols がそれとは区分し、「サプライチェーン・マネジメントとは、継続した競争力の保持を目的として改善されたサプライチェーン関係を通じて、これらの活動を統合することである」と定義づけたことを示している。さらに同稿では日本においては、全体最適化の方法論であるとする見解が多いことが示されている。黒田充「全体最適とサプライチェーン・マネジメント」、『サプライチェーン・マネジメント企業間連携の理論と実際』朝倉書店、2004年、1～25頁。

第５章　多様なイネを活かす力
――滋賀県・大戸洞舎の取り組み

猪谷富雄
小障子正喜

１　イネの多様性と地域づくり

（１）イネ遺伝資源の多様性とその活用

私たちが食べるお米はジャポニカに属し、粘りがありモチモチしている。しかし、世界全体では粘りがなくパサパサした食味のインディカが主流で、東南アジアではめん類やライスペーパーにもなる。日本でも、お米を食べたいという国民の願いをかなえるための多収品種から、美味しいお米をという良食味品種、さらには健康でいたい、簡便なものがいいという、ニーズの多様化に向けた育種目標の変化がある。最近は、１９８９年に始まった農林水産省の「スーパーライス（新形質米）計画」の成果もあって、コシヒカリとは異なるタイプのお米である、赤米や黒米などの有色米、炊飯すると独特の香りを発生する香り米、米パンやヌードルに向いた高アミロース米、また健康機能性に注目した低アレルゲン米、低グルテリン米、巨大胚米が、在来稲や海外の品種あるいは突然変異体をもとに育成されている。一方、家畜用の飼料米、田んぼアート用の観賞用稲もある。このように様々な用途に向けたお米の品種が開発されている（表1）。

コシヒカリ一辺倒からイネ品種の多様化を図ること、食用でなくても構わないからイネが作られ続けることが日本の水田や地域を守り、後世の安全保障につながることになると思う。

全国における有色米および観賞用稲の利用法を整理した（表2）。有色米（赤米・黒米・緑米）は、米飯、料理、菓子類、めん類、酒類、その他多くの食品への利用が試みられている。黒米のアントシアニン色素は、冷蔵庫で保管すれば、いつでも利用できる天然色素であり、本場の中国のみならず日本各地で薬膳料理として使われている。徳島では、赤米と黒米を使い、コーヒー、ドレッシング、味噌、薬膳粥を開発、販売している。

本章の第1、2節では、イネ遺伝資源の多様性とその活用について、とくに「古代米」と呼ばれることもある有色米や田んぼアート用品種など変わりもののイネ品種について、その栽培と利用の現状を滋賀県の事例を挙げながら紹介する。第3、4節では、このようなイネを活かしつつ「環境こだわり農業」を実践している滋賀県長浜市の農事組合法人「大戸洞舎」の取り組みを紹介する。主要な引用文献も示したので［猪谷2000、2012、2018、猪谷・スギワカ2010、小川・猪谷2008］、関心のある方はぜひこのような分野にも目を向けていただきたい。

（2）有色米

有色米（色素米）とは玄米の表面が遺伝的に着色しているものの総称であり、タンニン系で赤褐色を呈する「赤米」（あかごめ、あかまい）、アントシアニン系で黒色を呈する「黒米」（くろごめ、くろまい、別名「紫黒米」、「紫米」）およびクロロフィル（葉緑素）系で緑色を呈する「緑米」（みどりごめ、みどりまい）に分類できる。

表1　多様なイネ品種グループ

グループ	特徴	品種（例）
赤米	タンニン系赤色色素を糠層に含むイネ。ジャポニカ型とインディカ型がある。	ベニロマン、つくし赤もち、夕やけもち
黒米	アントシアニン系黒紫色色素を糠層に含むイネ。紫黒米、紫米ともいう。	朝紫、おくのむらさき、さよむらさき
緑米	クロロフィルが残っているうちに収穫したコメ。	あくねもち
香り米	ポップコーンのような香りを持つイネ。におい米、麝香米ともいう。	サリークイーン、はぎのかおり、キタカオリ
低アミロース米	アミロース含量が5%から16%程度まで。粘りが強く、ブレンド米や冷凍米飯に向く。半モチともいう。	ミルキークイーン、柔小町、ぴかまる、おぼろづき
高アミロース米	アミロース含量が25%以上、固くぱさぱさしており、カレー、チャーハン、ライスヌードルの製造に向く。	ホシユタカ、夢十色、越のかおり
低グルテリン米	易消化のグルテリンが少ない。実用的な低タンパク米。	LGC-1、LGCソフト
低アレルゲン米	米アレルギーの原因物質を遺伝的に減らしたコメ。	LA-1
巨大胚米	胚芽の部分が大きく、浸漬によって血圧降下作用などのあるギャバを生成する。	はいみのり、めばえもち
大粒米	普通の米粒の2～3倍（40～50mg）の米。パフなど菓子原料に向く。	SLG、オオチカラ
小粒米	普通の米粒の半分程度（10mg）の米。ライスサラダなど。	つぶやき、紫こぼし
観賞用稲	葉が紫色、黄色、縞模様（白・黄）のものや、穂が赤、紫、ピンクを呈したイネ。紫稲は茎葉にアントシアニンを含む。	べにあそび、ゆきあそび、祝い茜
矮性稲	草丈が20～50cmのイネ。盆栽稲、大黒稲ともいう。	矮性黄稲、コメットベビーピンキー
わら細工用稲	わらが長く粘りがある。	実取らず、太郎兵衛糯、彦太郎糯
飼料イネ	茎葉をサイレージにする、あるいは米を家畜の飼料として利用するイネ。	クサノホシ、たちすずか、リーフスター

出所：筆者作成。

表2　有色米・観賞用稲などの利用例

種類	加工品
玄米	米飯添加用、黒米雑穀
米飯	赤飯、お粥（レトルト、缶詰）、赤餅、桜餅、おはぎ、茶漬け
菓子	まんじゅう、せんべい、おかき、らくがん、あめ、クッキー、ポン菓子、カステラ、ケーキ、ういろう、ちまき
めん類	うどん（乾・半乾）、ざるそば風うどん、そうめん、紅切
酒類	日本酒、黒ビール、甘酒、ライスワイン
その他の食品	パン、味噌、醤油、玄米茶、米粉、コーヒー、ドレッシング
工芸	布・和紙の染色、しめ飾り、リース、ドライフラワー、活花、鉢植え
景観	田んぼ（水田）アート（文字・図）

出所：筆者作成。

有色米の色素は、玄米の種皮あるいは果皮、すなわちいわゆる糠層の部分に含まれ、完全に精米するとほとんど白い米と区別できない。したがって、その特色を活かすために玄米のまま、または軽く精白して、または玄米の米粉にして利用される。黒米は、品種によってアントシアニン含量が大きく異なるうえに、猛暑の年はアントシアニン生成がうまくいかず黒い米にならない。また、緑米は早めに収穫しないと色があらわれない［猪谷2000］。

最近、食生活や運動習慣など生活様式の変化による栄養バランスの不均衡やストレスから生じる疾病が急増し、若年層から高年齢層に至るまで、いわゆる生活習慣病が増加している。医療費抑制の必要性、個人の健康志向の高揚、食品業界における高付加価値食品への取り組みの強化の動向から、これらの病気を日常摂取している食品によって、個人が防止する「一次予防」の考え方が重視されるようになってきた。このような背景のなかで、有色米の持つアントシアニンやタンニンのようなポリフェノール類など、機能性成分に着目した研究や製品開発が国内の多くの研究機関や企業で実施されている［大澤2001］。

アレルギーやアトピー、メタボリックシンドロームの心配から雑穀ブームが起きているが、有色米という玄米が「雑穀」の一つとして九州から北海道まで広く栽培されている。岩手県花巻市では、ヒエ、アワ、キビ、ハト麦、アマランサスなどの雑穀の一つとして黒米の生産振興をおこない、2012年は32ヘクタール、113トンを収穫している（花巻市農業振興対策本部2013）。花巻市の伊藤正男氏によると、最近の黒米生産は、岩手県で500トン、全国で1000トン以上と推定されている。

(3) 観賞用稲

現在の主要品種のもととなった在来稲には、籾がピンク、赤、紫、黒、黄金色、芒が白、ピンク、赤色を呈するものが多い。また、葉色が黄、紫、オレンジ、白色あるいは縞模様のものや草丈の極端に低いイネが突然変異で生まれ、その一部が珍奇なものとして残されてきた。江戸時代の岩崎灌園著『本草図譜』［1844］にも「むらさきのいね」「こびとのいね」の記載がある［小川・猪谷2008］。

イネの色素発現に関わる遺伝学的な面は、北海道大学で詳細に研究されている［高橋・木下1968］。赤米の種皮以外の植物体の色は、すべてアントシアニン系であり、その着色部位は籾（ふ、ふ先、護頴、柱頭）、玄米、葉、茎の節など多岐にわたる。葉が紫色を呈する紫稲も濃淡や色調に違いがある。葉緑体突然変異は、自然界でも普遍的に生じ、またガンマ線やエチレンイミンなどの突然変異誘起源によっても生じる。イネでは、アルビノ（クロロフィルが合成できず枯死する）、キサンタ（クロロフィルを欠くがカロチノイドは蓄積するため葉身が黄色を呈する）、ストライプ（クロロフィル蓄積不良が縦縞状に生じキメラ状となる）、アルボビリディス（葉身の基部や先端にクロロフィルを蓄積する）が知られており、観賞用のイネにもそれらがある。

実際の利用にあたっては、草丈、出穂期、色調、さらには見ごろの時期とその継続期間の長さなどの情報が重要である。たとえば、黄稲は分げつ盛期から出穂期後1～2週間が最も美しく、その後、急速に退色、枯死するものもあれば、それなりに長期間鮮やかなものがある。縞稲あるいは白稲は、田植え時は緑であった葉が突然白くなり、その後緑に戻って種子も採れる。表現型は、遺伝（品種）と環境（とくに温度や光）によって変わる。

観賞用稲は、田んぼに絵や文字を浮かび上がらせる田んぼアート用の稲として、また教育機関でのポット栽培観察用として利用されている。いわゆる国の研究機関のみでなく、田舎館（いなかだて）村を有する青森県でも「ゆきあそび」（白色）や「あかねあそび」（赤色）など様々な品種が育成されている。

一方、色以外に草型や穂の形態も観賞の対象となる。矮性（わいせい）稲は草丈が著しく低い稲で、大黒稲ともいわれ、葉色、草丈、出穂期で多くの系統がある。ある農家はポット、培養土、肥料、種子をセット販売している。

2 滋賀県における有色米と観賞用稲の栽培事例

(1) 有色米の栽培事例

滋賀県における有色米の生産状況を、滋賀県農業技術振興センターの協力もいただきながら調査中である。２０１７年は、湖北地域６農家で黒米が３２０アール、高島市の針江のんきーふぁーむで黒米「朝紫」「さよむらさき」１００アール、赤米「紅染めもち」30アール、緑米「あくねもち」20アールなど、県内各所で黒米品種「朝紫」（モチ）を中心に減農薬・減化学肥料で有色米が栽培され、ブレンド米や黒もちなどとして道の駅などで販売されている。

農事組合法人・大戸洞舎は、第3、4節で詳述するように、長浜市上山田で、米を中心に麦、大豆、ソバを資源循環と里山の景観や生態系の保全に留意して無農薬・減農薬で生産し、加工、販売している。２０１７年はコシヒカリ16ヘクタールに加え、黒米「朝紫」１２０アールを栽培し、およそ2トンを収穫した。朝紫は最近高温障害で着色が悪く、山側の水田で栽培している。主に契約栽培先の近江の館へ出荷し、他には、京都のラオス料理店へ出荷している。自らの利用としては、無農薬栽培分を「雑穀と豆のぜんざい」というレトルト食品や、小分け包装して販売している（写真1）。イベントでは、黒米と白米をブレンドしたおむすびをだしている。緑米（モチ）５アールも栽培し、色を出すために早めに収穫しているとのこと。また、農畜連携で飼料稲も栽培している。

株式会社近江の館は、本社が長浜市にあり、主に滋賀県産の健康食品および自然食品を取り扱う卸業者で、

写真１　大戸洞舎の黒米商品（玄米とぜんざい）
出所：筆者撮影。

黒米については農家と毎春に契約し、安定生産を保証している。色彩選別機は本来着色した米や異物を取り除く機械であるが、これを逆に用いて白い米を除去しているとのこと。色彩的に品質の悪いものは、かりんとうやクッキーの材料など工夫しながら有効活用している。

(2) 田んぼアートの事例

田んぼアートとは、田んぼをキャンバスに見立てて葉や穂の色が異なるイネを使い、巨大な絵や文字を作り出すプロジェクトのことである。滋賀県長浜市の虎姫地域づくり協議会は、田んぼアートを開始して２０１８年で6年目である。虎姫地区は、角大師（元三大師）の生誕地があり、おみくじや開運、厄除けにまつわる地域である。この地域資産を内外へＰＲし、「おみくじの元祖・角大師ゆかりの地」としての知名度を浸透させ、地域外からの訪問者の増大、地域住民の多世代交流、環境学習を目指している。２０１７年は角大師と前年秋に「ユネスコ無形文化遺産」に登録された「長浜曳山まつり」、２０１８年は角大師と長浜市出身の戦国武将「石田三成」をモチーフにしたゆるキャラがテーマである。展望台がある虎御前山は、旧虎姫町の北端に位置し、戦国時代には織田信長が小谷城の浅井長政を攻めたとき、その２キロメートル南端に最前線基地として山城を築いた山として知られる（写真２）。

田んぼアートに使われている4品種は葉色変異体の品種であり、青森県産業

写真２　長浜市・虎姫地域の田んぼアート
左から、2017、2018 年の田んぼアートと虎御前山公園の展望台。
出所：左は虎姫地域づくり協議会提供。中央と右は筆者撮影。

技術センターなどから種子配布を受けている。「あかねあそび」（赤）、「ゆきあそび」（白）、「濃紫稲」（黒）、「黄大黒」（黄）、そして周囲の「コシヒカリ」（緑）である。２０１８年は猛暑のためか、例年と比べ赤色であるあかねあそびの生育が芳しくなく、赤い色がきれいには出ていないとのことであった。収穫したコメの一部は、「角大師の厄除米」として比叡山や元三大師ゆかりの寺院で販売を委託し、観光資源としている。

また、滋賀県甲賀市では、農事組合法人うしかい、牛飼区自治会、観光協会、信楽高原鉄道株式会社、農業協同組合、甲賀市などで「うしかい田んぼアート実行委員会」を立ち上げ、「信楽高原鉄道から見える田んぼアート」を始めた。地域の知名度アップや鉄道利用者の増加に結びつけている。２０１８年のテーマは、甲賀市消防団のキャラクター「にんくるけし丸」であった。

青森県田舎館村が１９９３年に地域おこしの一環として始めた田んぼアートは、展望台からの角度を正確に測量するなど植え付け技術も進み、使用するイネ品種も増え、年ごとに芸術性が高まった。今や、「冬の田んぼアート」「石のアート」へと進化している。「全国田んぼアートサミット」は、田舎館村に始まり、2018年は名古屋市で開催された。

(3) 種籾の品種と入手法について

株式会社のうけん（京都市山科区）は、赤米の「神丹穂（かんにほ）」「ベニロマン」「夕やけもち」「紅染めもち」、黒米の「おくのむらさき」「朝紫」「さよむらさき」、緑米の「みどり糯」を、またイネ発酵粗飼料（サイレージ）用として「たちすずか」「たちあやか」「ホシアオバ」「モミロマン」、業務用多収品種としてハイブリッドライスも扱っている。

田んぼアートに利用されるイネとして、在来品種では葉色が紫色の「短稈紫稲」、黄色の「黄色稲」、濃緑色の「観稲」などがあるが、秋田県産業技術センター農林総合研究所水稲品種開発部は、観賞用白葉稲「ゆきあそび」、赤葉稲「べにあそび」、橙葉稲「あかねあそび」、赤穂稲「赤穂波」、紫穂稲「紫穂波」を育成し、青森県内および全国に種子を販売している［小林ら2010、2011、須藤ら2013、前田ら2013］。

葉色変異体は、苗の時から識別可能であるが、その色調はイネの生育とともに変化する。例えば、「あかねあそび」は、在来種の黄稲と紫稲の交配後代から選抜され、赤紫色と黄緑色が混じりあい、遠目では橙色に見える。見頃は、最高分げつ期～成熟期頃である。また、「赤穂波」は成熟期にかけて穂が赤茶色に、「紫穂波」は濃い紫色に変わっていく品種であり、いずれも黒米系統間の交配後代から穂色などに特色のある個体が選抜・固定された。出穂期以降に絵柄に変化を加えたり、文字を浮かび上がらせたりすることができる。

3 農事組合法人・大戸洞舎について

(1) 地理と環境

農事組合法人・大戸洞舎は、滋賀県長浜市北部の小谷上山田町で主に水稲を生産する法人である。小谷上山田町は世帯数約80戸、町民数は約250人の小規模集落である。北に山田山、南に戦国大名浅井家の居城があった小谷山があり、山に囲まれたいわゆる中山間地域というロケーションである。しかしながら長浜市内まで車で約15分、高速道路のインターチェンジへも約5分と市街地へのアクセスも容易にできる。市街地に程近い場所であるが、タヌキやキツネなどの里山で一般的によく見かけられる動物やフクロウやツキノワグマなどの希少動物も生息する。2018年にはコウノトリも飛来し動植物にとっては、豊かな里山環境であるのかもしれない。いっぽうで、近年山の手入れをおこなう人が少なくなり、一見すると緑豊かに見えるが、鬱蒼とした山が広がり、獣害（イノシシ・シカ・サル）が多いところでもある。しかしながら、山あり平野ありで移ろいゆく四季の自然を感じられ動植物も豊かな風光明媚な場所でもある（写真3）。

(2) 法人規模と生産内容

農事組合法人大戸洞舎は、2001年設立の創立17年のまだまだ新しい法人である。農作物の生産は、理事2名、従業員1名、期間アルバイト2名でおこなっている。主に水稲栽培を中心に、一部畑作物も栽培している。作物の種類、品種と栽培面積を表3に示す。

写真3　小谷上山田町の風景
左から、秋の青空が美しい圃場と、冬の雪景色。
出所：筆者撮影。

表3　大戸洞舎での生産作物と栽培面積（2018年）

水稲	栽培面積（a）	畑作物	栽培面積（a）
コシヒカリ	990	蕎麦	307
コシヒカリ（農薬不使用）	215	小麦	57
キヌヒカリ	88	大麦	138
みずかがみ	81	大豆	132
滋賀羽二重もち	80	エゴマ	53
紫黒米	101	ヤーコン	6
紫黒米（農薬不使用）	25	カモミール	11
緑米（農薬不使用）	4	唐辛子	10
飼料米	478	キクイモ	5
計	2,061	計	717
合計			2,779

出所：筆者作成。

水稲に関しては、飼料米の一部を除いて、農薬・化学肥料の使用を一般栽培の半分以下に抑えて栽培する「滋賀県環境こだわり農産物」基準で栽培している。また、コシヒカリ、滋賀羽二重もち、紫黒米、緑米でそれぞれ農薬不使用・有機質資材を用いた栽培も試みている。前記の方法で栽培している水稲面積の計は、約2ヘクタールである。

転作作物に関しても、大麦を除いて他は農薬不使用・有機質資材を用いて栽培している。水稲や転作作物（二毛作面積を含む）を合わせた全体の耕作面積規模は、約27ヘクタールである。また、加工品として、自社の大豆や紫黒米を使用したぜんざいをレトルト加工したもの（写真1右）、石臼挽きのそば粉、冬場に麹や味噌を製造している。冬場は、農閑期のため仕事が極端に減るので、この時期に周辺の山の整備作業をおこなっている。作業としては、下草刈り、間伐、植樹、道つけ作業等がある。これらの整備作業は大戸洞舎でもおこなうが、町内外問わず山林問題に関心のある人にも参加してもらっている。間伐作業で得た材は、製材可能なものは製材して材木として利用し、こわ（製材の際に出た端材）や株本の部分は薪として販売あるいは自社利用している。大戸洞舎では、間伐材を利用して納屋や作業小屋などをセルフビルドで建てている。また、冬場に生産する麹や味噌は薪やこわを熱源として利用している。山の資源を農業に取り入れ事業収益からまた山の作業をおこなう。いわば、山と田畑を結びつける森林資源の循環的活用として、大戸洞舎ではこれからもこのスタイルを継続していきたいと考えている。また、薪に関していえば、この地域には薪ストーブや薪ボイラーユーザーも多いため、間伐の際に出た材を作業に参加してくれた人が持ち帰り、エネルギーの自給にも役立っている。その他には、シイタケやナメコなどのキノコ類のホダ木をつくり原木栽培もおこなっている。先ほど述べたように、大戸洞舎では建築もおこなっているが、農業経営体が自社建築物の建築作業を自らおこなうといったことは、あまり例が見られないと思われる。このことに関しては、「どっぽ村プロジェクト」という事業と関係するが、他の書籍で詳述されているため、そちらをご参照いただきたい［原２００８、種森２００９、橋本２００９］。

（3）生産作物の販売

当法人の耕地面積は23ヘクタールと、この地域ではいわゆる大規模農家のカテゴリーに入るが、1枚1枚が小さい圃場が多く、深田や水が湧いたりする作業効率が落ちる圃場も多いうえ、イノシシ、シカ、サルといった獣害が多い地域でもある。また、周辺にも大規模農家がひしめき、遊休農地といったものはほとんどなく、規模拡大を図って大量生産するといったことはできないため、獣害に遭いにくい作物を徐々に増やし、それを加工して販売する六次産業化の取り組みを少しずつ増やしている状況である。現在、大戸洞舎の経営は水稲の売り上げ（コシヒカリ）によるところが大きく、生産量の半数を業者出荷、半数を個人販売している。個人販売価格は業者出荷価格より2割ほど高めであるが、リピーターが多く、その数を少しずつのばしている。

しかしながら、個人の購入に関してもここ数年変化がみられる。筆者が大戸洞舎に入った２００８年当時は、集落内や近隣地域の世帯に3世代から4世代の大家族の世帯が多く、家族消費や親せきや別居する家族に送る縁故米の購入が大きかった。ただ、近年このような形での一家庭の購入量が減少していると、年々実感する。ここ数年は、インターネットやSNSなどを通じて、大戸洞舎の米づくりに関心を持ち購入してくれる方が増えている。また、近江八幡市を拠点にしているNPOによる共同購入も増加傾向にある。個人の販売に関しても地縁による大口の販売スタイルから、年間を通してどのような環境でどのようなストーリーをもって米づくりがおこなわれているかに興味を示してくれる地域を超えたつながりからの購入へとシフトしつつある。

また、水稲に関しては、紫黒米や緑米という一般的に古代米と呼ばれる品種の栽培にも力を入れている。紫黒米や緑米は、当法人で販売もしているが、長浜市内の業者とも契約栽培をしており、安定的な需給体系ができている。紫黒米や緑米は栄養価も高く、抗酸化作用やコレステロール値を下げる作用があるといわれ、健康志向の人に人気の高い商品であり、現状うるち米の相場のような価格変動がなく、安定した収入を確保できている。一方で、主食米のように量を消費する食材ではないため、小売りで多数の方に購入してもらうための販売戦略や契約栽培ができる業者をリサーチする必要がある。しかしながら、耕作面積が限られた中山間地域で地質的また排水性などの圃場条件から、水稲しか作付けができない圃場では、紫黒米や緑米などの高付加価値のある作物を栽培することは、収益を上げる一つの方策ではなかろうか。また、年に数回おこなうイベントでは、紫黒米を混ぜたおむすびやご飯を提供しているが、ほんのり紫がかった艶やかな見た目の美しさとともに香りのよさもあり、好評をいただいている。緑米は、栄養価とともに、黒い穂の美しさで観賞用に育てるために株を分けて欲しいと頼まれることもある。

水稲以外の作物に関しては、飼料米、大麦、トウガラシ、キクイモ、カモミールなどは契約栽培で生産している。他には、ソバ、大豆、エゴマ、ヤーコンなどを生産している。一般的にはなじみのない作物も数種類作付けしているが、それには理由がある。当地は獣害が多く、毎年水稲をはじめソバ、大豆、麦とあらゆる作物が獣の食害や倒伏させられる被害に遭っている。時には、被害規模が百万円単位になることもある。そこで獣害に遭いにくい作物をいくつか試験的に導入し、エゴマ、トウガラシ、キクイモ、カモミール、ヤーコンが被害に遭いにくいことが、ここ数年の生産実績で裏付けされてきた。現段階では、生産面積は限られているうえ、トウガラシやカモミールを除く作物は、契約栽培ではない。そのため、面積の拡充とともに今後自社で加工商品の開発・販売までおこないたいと考えている。

また、大戸洞舎ではイベントも多数開催している。春には小谷山に山菜を採りに行き、それを調理して食べる山菜の会をおこなっている。秋の水稲の収穫が一段落したころには夕暮れの秋空の下、収穫祭をおこなっている。冬には、普段は獣害の関係で厄介者のシカやイノシシなどのジビエをいただきながらライブを楽しみ、地域の人々や購入者と交流を図る忘年会も開催している。身近な自然の恵みをいただき、環境を活かしたイベントをおこなうなど、農業の枠を超えた取り組みもおこなっている。このように様々な取り組みがおこなわれている法人は数少なく、筆者も約10年前に当法人の多彩な取り組みに魅力を感じ移住した一人である（写真４）。

写真４　大戸洞舎の多彩な取り組み
左から、紫黒米圃場から望む小谷山、緑米圃場での除草作業、夕暮れ時の収穫祭音楽ライブ。
出所：筆者撮影。

4　大戸洞舎の未来像

現在、大戸洞舎は水稲栽培を軸にしているが、事実上転作制度の廃止に伴い米市場の需給バランスが予測しづらい状況にあること、また補助金が年々減額傾向であることなど、米を取り巻く情勢が刻々と変化するなかで、果たして稲作を主体とする経営スタイルで存続できるかは先行き不透明である。しかし、獣害や地質的条件など環境要因によって作物が限定され、現状の耕作面積で大規模に効率よく採算がとれる品目は水稲であること。また、紫黒米や農薬不使用米の契約栽培による安定した収益の確保ができていること、多数の個人客との販売関係が成立し、さらに増加傾向にあることなどから、これからも水稲を中心とした稲作経営の路線が主軸となるであろう。また、主食米のみではなく早生品種を用いて飼料米をつくり、裏作に麦やそばを栽培する二毛作をおこなう路線も、現段階では飼料米の需要があるため継続的におこなう予定である。他には、高付加価値米である紫黒米や緑米などの農薬不使用栽培面積の拡大も図りたい。転作作物に関しては、農薬不使用の大豆の需要が高いものの、近年天候不順により湿害や高温障害で収量が芳しくないため、播種時期をずらし排水性を高めるなどして収量の増加を図り、ニーズにこたえられる生産をおこないたい。

また、健康志向が高まるなかで、ヨモギやドクダミなどいわゆる和ハーブを加工原料として仕入れたいという要望があり、移植や収穫が機械化可能で他の生産物にも汎用的に使用できる機械装置を導入できれば生産をおこないたい。現在、大戸洞舎に様々な作物の生産の要望をいただくが、はやりすたりがあるものも多いため、その時々の情勢や要望に合わせて柔軟に経営スタイルを変化させていく必要がある。

生産以外のことに関して言えば、多くの購入者には生産物が中山間地という特殊な地理的・環境的条件で生産されている事実を認識してもらえていないのが現状である。今後、冬場に森林整備した場所を用いて、子供の遊び場や、山と田畑のつながりを実感できる教育ワークショップを開催できればと考えている。獣害、山と田畑の水のつながり、森林資源の農業での利用、中山間地だからこそ経験できるプログラムの作成を考えている。これらのプログラムを通して多くの人に中山間地農業の一現状を認識してもらえる端緒となればと考える。

また、本書では詳述していないが、大戸洞舎と建築工房エコワークスが立ち上げた「どっぽ村プロジェクト」という取り組みを通して、現状の暮らし方に疑問を感じ、「買う」ばかりの暮らしから、衣食住の一部のものを自分で「つくる」ことを取り入れた暮らし方をしたいという人々が上山田の地に数多く集まる。大戸洞舎では「どっぽ村プロジェクト」の取り組みの一環として、この上山田の地で何かを始めたいと考えている人への場の提供や、建物を建てたりする際の労働力の提供もおこなっている。直近におこなわれる予定の事例を挙げてみたい。「うぐら食堂」という屋号で不定期に食堂を開いている仲間は、自分たちで食堂を建てたいと都市部から移り住んだ移住組である。現在は、大戸洞舎がいずれ直売所と考えている建物を利用し食堂を運営している。不定期開業にもかかわらず、来客が増えてきたことで店舗が手狭となり、今年度の末には、食堂の本店舗をハーフビルド（大工と施主が協働して建てる方式）で新築する予定である。その際、大戸洞舎も建築スタッフとして参加し、彼らがもつ「食」へのこだわりを体現できるような空間をつくりあげることの一助となればと考えている。

これからも大戸洞舎は、農業という分業化された一つの産業を担いつつ、人が暮らし生活を営んでいくという全体的で包括的な事柄に対して、積極的にコミットしていく組織でありたい。中山間地という地理的・環境的に不利な条件を抱えつつも、逆にその地の不利を利に転じて、地域の人々や地域を超えたつながりを支えにして、この地で農業という枠を超えた営みを続けていきたい。

5　多様なイネと独自の取り組みで日本の水田を守る

(1) 水田の役割と多様なイネ

農業は自然の破壊者だといわれることもある。西欧では、丘陵の森林を払って麦畑に変えた。日本では、大河川の氾濫原を穀倉地帯にした。低湿地を田んぼにし、田んぼを守るために山に木を植えた［富山1998］。日本人が米作りを放棄したら、山の緑も川の水も失うことになる。持続可能な開発を日本人は2000年以上もの間おこなってきた。

農業とくに水田の役割は多面的である。水田は米を作るだけではなく、多くの機能や価値を持っている。水田や地域に降った雨をあぜで蓄え、徐々に下流域へ流す洪水調節機能がある。蓄えられた水は、ゆっくりと地下に浸透して河川に流れ出すので水質浄化と水量調節の機能がある。稲の葉や田面からの水の蒸散によって夏の暑さをやわらげ、また美しい緑や四季の推移は訪れた者に心の安らぎと安心感を与える。日本の年中行事や祭事のほとんどが稲の豊作を祈る祭事などに由来している。農村で栽培・飼育されている作物や家畜、豊かな自然に触れることにより、生命の尊さ、自然に対する畏敬や感謝の念など人間の感性・情操がやさしく豊かに育てられる機能もある。水田は日本人の原風景である。

水田で作られるイネも、米を「ご飯」として食べるだけでなく、米粉パン、めん類、健康食品の材料にする、色素源とする、茎葉をサイレージにする、観賞用の田んぼアートやドライフラワーにするなど、その用途も多様化してきた。人が食べられないもの、品質の低いものを、牛に食べさせ、牛乳や肉を人が食する。家畜の排泄物を肥料としてイネを栽培すれば、耕畜連携、循環型農業の推進につながる。これによって、外国に頼りすぎている飼料自給率、食料自給率を高め、放置されている農地の活用を図ることができる。水田を守り、景観を守り、地域を守り、国土を守ることができる。

(2) 琵琶湖を擁する滋賀県の環境と稲作

滋賀県は環境保全型稲作の完成と普及に取り組んできたが、近年には、食味ランキング「特A」を獲得した新品種「みずかがみ」の育成や「魚のゆりかご水田米」の取り組み等の成果をおさめている。とくに琵琶湖と水田の間に魚道を設けた魚のゆりかご水田は、2007年度の認証開始以来、2018年に初めて100ヘクタールを超えた。自然を活かした農業として海外からも高く評価されている。「魚のくる圃場」が子供たちを喜ばせ、地域および教育現場等の関心を水田に向けさせる契機ともなった。琵琶湖周辺では、新鮮な湖魚と良質の米による伝統保存食「ふなずし」の継承、「ヨシ原」の保全活動はもとより、一部では「ふゆみずたんぼ」（冬期湛水管理）もおこなわれている。水田農業が、「コメ生産農家の単なる持ち物」ではなく、「地域社会の宝物」として再認知されることで、「社会とともに歩む農業」の動きにつながりうる大きな可能性をもっている［猪谷ら2017］。

琵琶湖は、生物を育て、田畑を潤し、人を育てる。豊かな恵みを与えてくれるMother Lake（母なる湖）であり、それを支えるのがFather Forest（父なる森）である。琵琶湖の環境を守るためにも、耕地と山林の利活用が欠かせない。滋賀県の小学生は、かならず「うみのこ」という船に乗り、1泊2日で琵琶湖の生物や環境を学ぶ。森林環境学習「やまのこ」も開かれている。このように、琵琶湖を通して環境を守る意識が高い県民性である。

（3）大戸洞舎の取り組みと地域の支援

冬には、日本海の湿った空気を含んだ冷たい雪雲が若狭湾から上陸し、海抜1000メートル以下の野坂山地を越え、琵琶湖から関ヶ原のあたりにたくさんの雪を降らせ、太平洋に向かう。右記で紹介した大戸洞舎も虎姫地域もそんな豪雪地帯にある。2010年に東浅井郡湖北町と虎姫町は長浜市に編入され、行政区としての町名は消滅したが、歴史ある地域の知名度を上げ、地域を存続させる取り組みを紹介した。

大戸洞舎は、大工もできる農民を育てるという技術研修の「どっぽ村」から、様々な人々が集い、それぞれの活動を目指すための場の提供へと変遷している。自然を守るということは、手つかずの原生自然ではなく、人の手の入った自然を保全することである。アンダーユース問題、つまり過小利用から、適正な資源の利活用を継続することが自然を豊かにする［丸山2018］。

大戸洞舎では、リスクや労力の分散を目的に、主要品種コシヒカリ以外の黒米や飼料米、野菜やハーブなどを複合的に生産する営農形態、いわゆる「多品種」［小林２０１６］を実践している。黒米は玄米のまま利用されるので、化学肥料や農薬を用いずブランド効果がある。一方、イノシシ、シカ、サルなどの獣害対策として、エゴマやヤーコンなどを栽培している。中国では果樹のサンザシ「鉄山査子」や漢方薬のイノコヅチの一種「川牛膝」が獣害を受けないとする報告があり、サンザシはジュースやジャム、ドライフルーツや菓子など健康食品として普及している［藤田ら２００８］。また、南米起源のアマランサスを含む雑穀は、健康ブームで需要が急増しており、国内自給率は５％と極めて低い。国産雑穀類に対する需要は高い。

行政や試験研究機関は、国内外の情報を集め、実験をおこない、獣害に強く、六次産業化できる作物を開発すべきである。「六次産業化とは、１次×２次×３次＝６次であり、農産物の生産、加工、販売・流通の三者のいずれも欠けてはならない。多様性の中にこそ強靭な活力が生まれる。画一化のなかからは弱体性しか生まれてこない。多様性を活かすのがネットワークである」［今村奈良臣氏の講演２００９］。大戸洞舎は、農業のブランド化、消費者への直接販売、レストランの経営などを実践している。

農業は労働量に対して利益が低く、若者にはあまり好まれない。しかし、自己の責任の下で品目や作業内容を設計できることが魅力である。さらに、大戸洞舎では交流ハウスや陶芸工房を設置するなど、地域と地域外の人々を結びつけている。このような地域の歴史や文化をアピールできる仕組みやレクリエーション施設は人を呼ぶ。

琵琶湖の環境を守るためにも、耕地と山林の持続的な利活用が欠かせない。資源の持続可能な利用が、多様な環境と生物多様性の維持を守っている。地域の人々や地域を超えた、世代を超えたつながりを大戸洞舎の取り組みに見ることができる。

参考文献

猪谷富雄（２０００）『赤米・紫黒米・香り米――「古代米」の品種・栽培・加工・利用』農文協、１～１６０頁。

猪谷富雄（編）・スギワカユウコ（絵）（２０１０）『赤米・黒米の絵本』農文協、1～36頁。

猪谷富雄（２０１２）「「古代米」から稲の世界へ」『日本醸造協会誌』１０７、７１９～７３２頁。

猪谷富雄・大久保卓也・谷口真一・大塚泰介・近藤倫生・野田公夫（２０１７）「琵琶湖の環境と農業」『日本作物学会紀事』86、87～96頁。

猪谷富雄（２０１８）「多様な稲による地域おこし――滋賀県の稲作と古代米」、牛尾洋也ほか編『琵琶湖水域圏の可能性――里山学からの展望』晃洋書房、１８２～１８７頁。

大澤俊彦（２００１）「ポリフェノール、特にアントシアニンの機能性」*Foods & Food Ingredients Journal of Japan* 192, pp.4-10.

小川正巳・猪谷富雄（２００８）『赤米の博物誌』大学教育出版、1～１８３頁。

小林康志（２０１６）「イタリアにおける地方・農村活性化の論理――地域の文化・歴史をいかに発信していくか」、小田滋晃ほか編『「農企業」のアントレプレナーシップ――攻めの農業と地域農業の堅持』昭和堂、１３５～１４９頁。

小林渡・諏訪充・前田一春・神田伸一郎・川村陽一・今智穂美（２０１０）「観賞用白葉稲品種「ゆきあそび」の特性」『東北農業研究』63、3～4頁。

小林渡・前田一春・神田伸一郎・川村陽一・今智穂美（２０１１）「観賞用赤葉稲品種「べにあそび」の特性」『東北農業研究』64、1～2頁。

須藤弘毅・前田一春・上村豊和・神田伸一郎・須藤充（２０１３）「観賞用赤穂稲新品種「赤穂波」及び紫穂稲新品種「紫穂波」の特性」『東北農業研究』66、3～4頁。

高橋萬右衛門・木下俊郎（１９６８）「稲連鎖地図の現況」『北海道大学農学部附属農場報告』16、33～41頁。

種森ひかる（２００９）「「米もつくる大工」「家もつくる農家」が「米も家もつくる若者」を養成 滋賀県湖北町「どっぽ村プロジェクト」」『現代農業増刊』8月号、50～56頁。

富山和子（1998）『水と緑の国、日本』講談社、1～96頁。

橋本紘二（2009）「農民と大工が手を組み、大工もできる農民を育てる滋賀県湖北町「どっぽ村」」『現代農業』8月号、282～294頁。

花巻市農業振興対策本部（2013）『イーハトーブ雑穀かわら版』25、1頁。

原明美（2008）「お手は宝や！「米もつくる大工」と「家もつくる農家」を月10万の給与を支給し3年で育成 滋賀県湖北町「どっぽ村プロジェクト」」『現代農業増刊』5月号、148～158頁。

藤田泉・猪谷富雄・増田泰三・新美善行（2008）「日中国際学術交流による広島県の地域振興の可能性――広島県立大学と四川農業大学との学術交流を通して」『広島県立大学紀要』19、73～93頁。

前田一春・上村豊和・神田伸一郎・須藤弘毅・須藤充（2013）「観賞用橙葉稲品種「あかねあそび」の特性」『東北農業研究』66、5～6頁。

丸山徳次（2018）「里山問題の転換と里山学の課題――文化としての自然の保全・再生」、牛尾洋也ほか編『琵琶湖水域圏の可能性――里山学からの展望』晃洋書房、3～17頁。

コラム

先進的農業経営体と地域との関係を探る
―「「農林中央金庫」次世代を担う農企業戦略論講座」シンポジウム・パネルディスカッションより

川﨑訓昭

これまで、京都大学大学院農学研究科生物資源経済学専攻「寄附講座「農林中央金庫」次世代を担う農企業戦略論講座」(以下「農林中金寄附講座」)では、最先端の農業経営や地域との関わりをテーマに2012年から毎年2回春と秋に定期的に公開シンポジウムを開催している。2017年には、6月3日(土)に第11回、12月2日(土)に第12回のシンポジウムをそれぞれ開催した。

第11回シンポジウム

2017年6月3日に京都大学益川ホールにて第11回シンポジウムとして、「地域が／を支える先進的農業経営体」と題し、2つの基調講演とパネルディスカッションをおこなった。基調講演者及びパネリストの一覧は表のとおりである。

本シンポジウムでは、規模拡大や六次産業化によって高収益を上げる「先進的農業経営体」が地域社会とどのような関係性にあるのか、これからどの

ような関係性が望ましいのかを議論した。

基調講演の2題の概要は、本書の第1章及び第2章に掲載されているので、参照されたい。ここでは、パネルディスカッションの内容について、要約しておきたい。

第11回シンポジウム概要

日　　時　2017年6月3日（土）13：30〜17：00

基調講演

①　京都大学大学院農学研究科　小田滋晃

②　（株）農林中金総合研究所　小針美和

パネルディスカッション

①　ひるぜんワイン（有）　植木啓司

②　（株）農林中金総合研究所　小針美和

③　（株）グリーンちゅうず　田中良隆

④　ネットワーク大津（株）　徳永浩二

コーディネーター

①　京都大学大学院農学研究科　坂本清彦

②　京都大学大学院農学研究科　川﨑訓昭

ひるぜんワイン㈲の植木氏から地域の観光振興と農業者の生きがい創出のために、やまぶどうワインを広め、地域貢献を果たしていることが紹介された。続いて、㈱グリーンちゅうずの田中氏より、兼業農家が増加傾向にある地域において、地域農業の維持のため約２２０㌶の農地を請け負い、経営を展開していることが紹介された。最後に、ネットワーク大津㈱の徳永氏より地域農業の振興と農地の恒久的な保全を図るため、構成員の収入確保と低コスト生産体系の確立を図っていることが紹介された。

その後、総合討論がおこなわれたが、その主な要点は下記のとおりである。第一に、「産地の維持」である。地域の農業経営体や各種組織がパートナーシップを構築し、それぞれの強みを生かした販売戦略により、産地・地域の強みを飛躍的に強化しうる関係構築が可能となろう。

第二に、「地域との連携」である。先進的な農業経営体が育成・発展・継承するためには、経営体が位置する農村地域・集落において、多様な関連主体が互いに連携しながら持続的に展開されることが必須条件であろう。

最後に、「農協への期待」である。先進的な農業経営体による正当な農協の資源利用は、農協の所有する施設の稼働率向上や販売における規模の経済の発揮につながるうえ、こうした経営体が高品質農産物を「産地」と関連付けて生産販売すれば、産地ブランドの強化につながるだろう。

第12回シンポジウム

２０１７年12月2日に京都大学益川ホールにて第12回シンポジウムとして、「地域が／を支える先進的農業経営体」と題し、2つの基調講演とパネルディスカッションをおこなった。基調講演者及びパネリストの一覧は表のとおりである。

本シンポジウムでは、第11回と同じく、規模拡大や六次産業化によって高収益を上げる「先進的農業経営体」が地域社会とどのような関係性にあるのか、を議論した。

基調講演では、日本やアメリカで拡がりを見せているCommunity Supported Agriculture（CSA）について、中国において食品偽装や食の安全性を疑う事件が頻発するなかで、安全な農産物を所望する都市部住民と経済的なハンデを追う農村部の住民との意見が合致し、近年急速に取り組みが広まっていることが報告された。

次に、パネルディスカッションの内容について、要約しておきたい。

野村牧場の野村氏より地域農業への貢献を果たすため、京都府指導農業士会会長等を歴任し、大学の臨時講師や農業大学校生の受け入れによる若手育成に貢献してきたことが紹介された。また、茶栽培の取り組みや丹後の観光業との交流により地域活性化にも貢献していることが報告された。

亀岡牛人見畜産の人見氏からは、「亀岡牛」ブラ

第12回シンポジウム概要

日　　時　2017年12月2日（土）13：30～17：00
基調講演
　①　北海道大学大学院農学研究科　　高慧　琛
パネルディスカッション
　①　野村牧場　　野村拓也
　②　（株）農林中金総合研究所　　若林剛志
　③　亀岡牛人見畜産　　人見政章
コーディネーター
　①　京都大学大学院農学研究科　　坂本清彦
　②　京都大学大学院農学研究科　　川﨑訓昭

ンドを守るために、日々仲間と共に肉質向上に向けた勉強会や配合飼料の研究を重ねていること、また、肉質を大きく左右する素牛は、鹿児島県や宮崎県など、全国の子牛市場から仲間の希望に合致する血統の子牛を一括して調達していることが報告された。

その後、総合討論がおこなわれたが、その主な要点は下記のとおりである。

第一に、「情報的資源の獲得」である。目まぐるしく変貌を続ける農産物市場においては、資源の量だけではなく質の確保も必須となるため、どの主体からどのように資源を獲得するかが重要であろう。

次に、「仲間づくり」である。地域資源を活かした事業展開を図る場合、地域に存在する男女別・年齢別の各層それぞれに適した業務を提供することが必要である。また、類似する経営観を持つ経営体や取り組みに共感する消費者との仲間づくりを図っていくことが必要であろう。

第Ⅱ部 地域が支える先進的農業経営体

第6章 地域連携の中での農業ビジネス
――房の駅農場による地域ブランドを活かした農業経営

横田茂永

1 地域に根ざした食品企業

食品企業の農業参入では、本業で原材料や商品として取り扱う農産物を生産するケースが一般的である。一方建設業の農業参入では、地域を維持するためという理由が見られるが[1]、食品企業と地域の関係も希薄なわけではない。農産物の確保や商品開発のために地域で連携しているケースがみられる[2]。先進的な経営体の取り組みでは、その経営と地域への支援が注目されがちであるが、多かれ少なかれ地域からの支援が見出せる。また、地域からの支援も地域への支援もどちらかが単独で存在しているわけではなく、相互に関係しており、短期的には単独とみえても長期的には相互の支え合いになっていることがある。その意味では、食品企業が作物を購入するのは地域の農家に対する支援であり、作物を出荷してもらうことは農家からの支援である。

本章のケースも食品企業の農業参入の中で地域と連携している一例であるが、千葉という地域ブランドを経営戦略に取り込んでいるところに特徴がある。以下では、食品企業による地域ブランド戦略がどのような発展過程をとったのかを明らかにする。

1969（昭和44）年、千葉県市原市に現在の諏訪廣勝会長が観光土産製造卸販売業の諏訪商店を創業、同店は、うまい、健康、千葉のいずれかの特徴を持った商品の企画開発にこだわってきた。2015（平成27）年には、株式会社諏訪商店ホールディングスを設立、傘下に諏訪商店の事業を継承した株式会社やます、千葉県外（国内）卸を担う株式会社ナカダイ、海外卸を担う株式会社やますインターナショナルおよびYAMASU. JAPAN. INC、食品製造を担う株式会社小川屋味噌店、株式会社房の駅農場があり、経営コンサルティングをおこなう株式会社FUSAコーポレーションを加えてグループ8社となっている。

諏訪商店グループ全体の売上は約55億円（2018年8月決算）、このうち株式会社やますが30億円と過半を占めており、株式会社やますの売上30億円のうち県内卸が15億円、残りの15億円が房の駅での販売である。かつては、食品製造を他社に委託していたが、小川屋味噌店を買収したことで加工品のコストダウンが可能となった。これにより県内の居住者が日ごろ食べるような価格設定の商品開発がおこなえるようになっている。

2　農地所有適格法人の設立

房の駅は、株式会社やますが運営する直売所で現在全14店舗となっている。そのうち8店舗は商業施設内にあり、6店舗が単独の路面店として千葉県内の幹線道路沿いに立地し、地元農家と契約を結んで農産物の直売をおこなっている。地元農家との契約では、1店舗1人1品目を原則としているが、品種の違いで別の登録にすることもできる。また、2番手、3番手も決められており、1番手の契約農家が出荷できないときは、次の順番の農家が出荷できる。後に述べる落花生については、特別で約20戸と契約しており、全体の契約農家数は約400戸となっている。

このような方法だと需要の高い品目では供給不足になることがあるが、イチゴが慢性的に品不足に陥っていたことが、直営農場をつくるきっかけとなった。また、諏訪会長が個人的な趣味で農業をおこなっていたことも背景にある。会長個人の所有地や出荷者から賃借した農地で、ブドウ、ニンニク、ダイコン、ハグラウリなどを栽培し、漬物への加工もおこなっていたのである。

2010年には、農業生産法人(現在の農地所有適格法人)を設立し、イチゴ栽培を開始した。このとき会長の農業を手伝っていた社員が初代社長(やます製造部課長兼任)となり、房の駅草刈店周辺の雑種地を農地に転用して、会長が過半、会社が25%を出資している。

イチゴについては、契約農家が3戸あるが、これに房の駅農場が加わった形である。房の駅農場が栽培したイチゴの約8割は房の駅草刈店、約2割は房の駅の近隣店舗、残った少量を東京のたい焼き屋や小川屋味噌での加工(イチゴ甘酒)にまわしている。

3　農業の展開

房の駅農場の売上(8月決算)が2012~2015年の間1700万円で安定的に推移し利益を残せるよ

うになったことから、事業拡大のために新社員を1人採用した。２０１６年には、さらに営業ができる社員としてA氏を採用、２０１７年にも1人採用している。２０１８年現在で、社長と社員は6人、他にパート15人がいる。社員は20～40代と若い年齢層である。

図1のように、売上は２０１７年に４７００万円、２０１８年に1億2千万円となった。２０１９年は2億3千万円を見込んでいる。売上拡大の要因は、農地の規模拡大に加え、A氏の営業面での手腕が大きい。A氏は入社以降、地元の住民に県内産の落花生を食べてほしいということで開発した煎り落花生の販売を導入したが、５００円と値ごろ感もあることから売れ行きは好調である。

また、販路の多角化もおこなっている。２０１５年以前は房の駅への出荷が全体の8割を占めていたのに対して、現在は3割にとどまっている。7割は房の駅以外への販売であり、ドラッグストア50店舗、スーパーマーケット（インショップ、祭事など）、成田空港内店舗などである。成田空港内店舗では、単価の高いイチゴの大粒12個入りパックの売れ行きが好調であるといい、これはパック詰めの人件費削減にもつながっている。

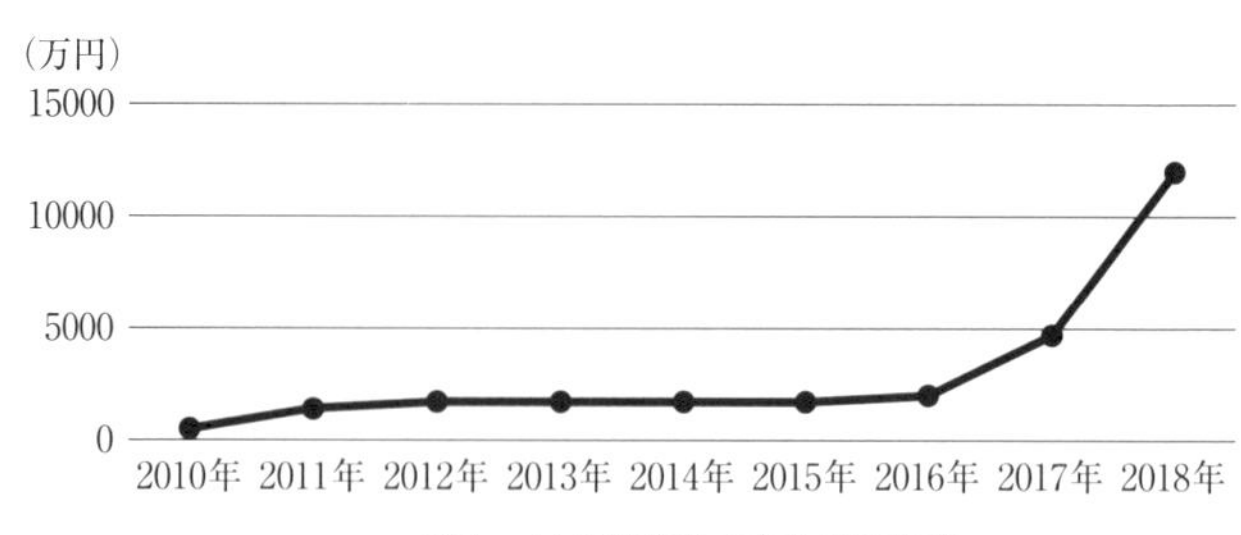

図1　房の駅農場の売上高の推移
出所：聞き取り調査から筆者作成。

イチゴ以外にもナス、トウガラシ、サツマイモ、落花生等栽培品目を広げており、２０１８年5月からは、房の駅で不足しているものを房の駅農場に発注して対応する取り組みもはじめた。また、栽培方法では、科学的な有機農法で知られている小祝政明氏のＢＬＯＦ理論を、農場の管理においては、グローバルＧＡＰを採用している。

経営耕地面積は約8ヘクタールで、山小川の農地は市原市が直営していた体験農園「やもかのなかま体験農園」を引き継いだものであり、東国吉では後述のワンドロップファームが管理する農地の一部70アールを借りていたが、条件がよくなかったために返却している。農地の話は近隣の農家や資材業者等の伝を通じて入ってくるが、近くでまとまった土地がほしいので主体的にも情報収集しており、経営に見合う農地の集積を目指している（表1）。

初代社長の夢を具体化しておくことが実現につながるとの考えもあり、社員手帳には房の駅農場の今後の目標が記入してある。２０２５年に、社員20名、パート60名、売上10億円となっているが、そのために全体で1億円の新投資（干し芋製造に５０００万円、房ビレッジ[3]の創設に５０００万円）を実施した。

表1　房の駅農場の経営耕地面積

	面積
草刈	15a（ハウス 12a）
東国吉	1.5ha
葉木	4ha
山小川	2.5ha
合計	約 8ha

出所：聞き取り調査から筆者作成。

4　落花生生産の拡大と地域連携

千葉県産落花生の生産量は、全国の8割弱を占めているが、１９９０年の2万4千トンから２０１５年には９６００トンまで減少してしまった（２０１６年にはやや回復して1万２３００トン）[4]。株式会社やますと房の駅農場は、自社で販売する落花生の確保とともに県産落花生の振興につなげるため、２０１６年に「落花生の契約栽培プロジェクト」を立ち上げた。プロジェクトの内容は、落花生を栽培する県内の農家や新規就農者を対象とした全量買取契約の締結、収穫用の農業機械の貸し出し、播種の作業受託、栽培に必要なアドバイスなどの支援である。他にも落花生の連作障害対策として輪作作物に使われるサツマイモ、ダイコンなどを積極的に購入していることが大きな支援となっている。

品種は「千葉半立」が主で、他に「郷の香」、「おおまさり」である。「千葉半立」や「郷の香」は、煎り落花生として手ごろな価格で販売したところ売れ行きも好調である。「おおまさり」は高級品種で、種子の買取価格も高いが、発芽率の悪さから種子用の4～5割ぐらいが規格外として廃棄されてしまう。それを農家から買い上げて甘納豆などに加工して販売する方法をとっている。

２０１８年で３年目を迎えるが、房の駅農場を中心に落花生生産を拡大してきている。契約生産の取引量は、２０１７年で40ﾄﾝ（うち房の駅農場9ﾄﾝ）、２０１８年には50ﾄﾝ（うち房の駅農場12ﾄﾝ）となった。前述の手帳の目標には、２０２５年に千葉県産落花生２万５千ﾄﾝ（うち自社取引量10％）を目標として掲げている。

千葉県産の農産物の生産振興をおこなっていく背景には、輸入農産物価格の高騰があるが、もう１つ２０１７年の食品表示基準の一部改正（経過措置期間は施行日から２０２２年3月31日、一部例外あり）により全ての加工食品について、重量割合上位1位の原材料の原産地表示が義務化されたことも大きい。加工食品の原材料には外国産の農産物を使うことが多いが、千葉の名産「鉄砲漬け」も原材料のウリが同様の状況にある。それが表示で明確になったときの消費者判断を考えているのである。

5　経営戦略としての地域

諏訪商店グループにおける地域ブランド戦略は、農業参入につながり、さらには地域の農家に対する支援へと発展した。一企業の経営戦略が地域へと波及していったのである。

経営体にとって、地域との関係の持ち方は経営戦略の1つでもある。経営体がどのような支援を求め、どのような支援をするかは経営の方向を決める。しかし、地域が求めるものと、経営体が求めるものが必ずしも一致するとは限らない。それは、経営体と地域の組織とのかけひきでもある。

企業の農業参入でよくいわれる耕作放棄地対策についても、先進的な経営をしていこうとすれば、より優良な農地を求めていくので必ず不一致が生じてくる。経営体は地域との関係の中で、経営を継続しなければいけないので、参入初期の段階では条件の不利な農地を引き受けたとしても、未来永劫それればかりとはいかない。企業の農業参入でも同様であり、地域だけに一方的に都合がよい連携はあり得ないのである。

房の駅では、地元千葉産の作物にこだわっていることから、供給する農家からの支援に強く頼っているところがあり、また1人1品目という仕組みをつくって優先的に出荷できるようにしたのはそのような農家への支援としての色彩が強い。さらに農業参入したことで、農家から農地を貸してもらう、農家が貸したい農地を借りてあげるという相互支援の関係に続く。これらは、双方に納得できるメリットがある農地に限られてきている。

落花生プロジェクトでは、農家への手厚い支援を示したが、これもまた地元農家からの県内産落花生の確保が期待されるものでもある。ただし、これにはもう1つ重要なメリットが期待されている。それが千葉県産という地域ブランドの確保である。

ブランドとして扱うためには、消費者側に認知されることが必要であるが、国内消費者にとって、都道府県名は容易に認知が可能なブランドといえる。しかし、ただ認知されればよいわけではなく、消費者がそのブランドを選好する必要がある。

千葉県産の農産物のすべてがそのような選好に値するとはいえないが、少なくとも落花生に限って言えば千葉県産が優位を感じさせるブランドとしてすでにある程度成立していると考えられる。落ち込んできた生産を回復し、この既存の地域ブランドを維持していくことは、それを活用する食品企業にとって必要不可欠な要素といえる。

農産物の地域ブランドの維持という役割は多くの場合農協が担っているものであり、先進的な農業経営体が地域と連携していくなかで地域ブランドを取り込んでいく本事例のような状況が今後も広がっていくのかが注目される。

注

（1）建設業の農業参入と地域維持との関係についての指摘は、室屋有宏「企業の農業参入の現状と課題──地域との連携を軸とする参入企業の実像」『農林金融』第60巻第7号（2007年）、澁谷往男「地域中小建設業の農業参入にあたっての企業意識と課題」『農業経営研究』第45巻2号（2007年）などでされている。

（2）食品企業と地域との連携についての指摘は、大仲克俊「第四章　地域連携を軸に農業経営の発展を目指す農業参入企業」『一般企業の農業参入の展開過程と現段階』農林統計出版（2018年）などでされている。

（3）房ビレッジとは、農業の情報発信基地となり、宿泊や飲食の施設等を備えて、ステークホルダーをさまざまな形で結びつけるテーマパークとして、諏訪商店グループで構想されているものである。

（4）農林水産省「特定作物統計調査」より。

第7章 地域連携が生み出す農業ビジネス

――千葉県市原市での耕作放棄地解消の取り組み

横田茂永

1 地域資源の荒廃と転換点

地域で農業を維持するという場合、まず想定されるのが集落営農であり、農業者以外の住民やNPO法人が関与するケースもみられるようになってきているが[1]、農業者や農業者組織が主体であることが通常である。本章のケースは、地域の農業者以外の多数の組織が関与して耕作放棄地の復旧と維持・管理に取り組んでいるところに特徴がある。以下では、この取り組み過程を分析することによって、農業経営を支える地域連携の論理について明らかにする。

千葉県市原市は、千葉県のほぼ中央に位置し、2016（平成28）年現在368・17キロ平方メートルと県内第1位の面積を有している。北は千葉市と隣接し、臨海部には京葉コンビナートが形成されており、現在は第二次産業、第三次産業を中心とした町となっているが、経営耕地面積2809ヘクタール〔2015（平成27）年農林業センサス〕

は県内第7位、水稲を中心に野菜栽培（ダイコン、スイカ、ジャガイモ、トマトなど）、果樹栽培（ナシ、イチジクなど）も盛んである。一方で、千葉県第一位となる耕作放棄地面積１４４６ヘクタール（２０１５（平成27）年農林業センサス）があり、中山間地のみならず平地の優良農地にも耕作放棄が発生してきている。

昭和40年代、東急不動産株式会社が宅地開発の目的で市原市市東（しとう）地区の山林・農地買収を進め、買収した土地は２００１（平成13）年には市街化区域に線引きされたが計画は中止となり、２００６（平成18）年に市街化調整区域に再度線引きしなおされることになった。

東急不動産は、地元企業や農業法人にこれらの土地を譲渡すべく、相手先を探していたが、山林については造園事業者である株式会社生光園、農地については新たに設立した農業生産法人（現在の農地所有適格法人）株式会社千葉・市原農産が受け皿となることが決まった。こうして、２０１３（平成25）年に山林等１５２ヘクタール、農地60ヘクタールの合計２１２ヘクタールの土地の権利移動がおこなわれたのである。

2　多様な組織の関与

２０１２（平成24）年には、これらの土地管理を進めていく主体として生光園（出資割合50％）、東急不動産（同30％）、千葉・市原農産（同10％）、レコテック株式会社（同10％）が出資する日本リノ・アグリ株式会社が設立された。

また、日本リノ・アグリは、多様な主体が連携する「いちはら創生協議会」を創設し、農地・森林の再生への取り組みを進め[2]、２０１５（平成27）年には、国の地方創生加速化交付金を活用した市原市次世代農業導入支援事業、２０１６～18（平成28～30）年は、地方創生推進交付金を活用した市原市次世代農業推進支援事業（年間約１０００万円の予算）の事業主体となっている。

いちはら創生協議会のメンバーの所属組織は、日本リノ・アグリを中心に、房の駅農場、一般社団法人もりびと（市原市に隣接する長南町で、森林整備事業、危険木処理事業、間伐材クラフト販売、間伐材ワークショップ等の運営をおこなう）、みつばちの花里協議会、市東地域ふるさと再生協議会、市津地区町会長会、株式会社フォルク（東京に所在するランドスケープデザインなどを行う会社）であり、市原市内さらには千葉県内に限らないメンバーが関わっている。また、協議会の開催する検討会や各プロジェクトには、株式会社アグリスリー（千葉県山武郡横芝光町で農産物の生産・加工・販売等をおこなう会社）、ひらいホールディングス株式会社（本社が市原市にある木材流通から建築・不動産業まで営む住生活総合企業）、株式会社山翠舎（長野県に本社があり、古木を使った店舗デザイン・設計・施工や古民家の移築・再生事業を行う会社）、koboku通信、株式会社良品計画（本社東京の、「無印良品」の企画開発・製造から流通・販売までをおこなう会社）、市原市地域おこし協力隊、千葉大学ＣＯＣ＋（地（知）の拠点大学による地方創生推進事業）、オーシャンアンドパートナーズ株式会社（東京に所在するＩＴ企業）、株式会社アイ・クリエイト21（本社東京のコンサルティング会社）といった専門家や地域外の企業も参画し、協力している。

3　地域連携の役割と成果

この事業の対象となっている市東地域は、台地の表層は関東ローム層であるが、低地は排水性の悪い粘土質の土壌が露出し、多くは水田として利用され、畑地への転換には相当な土壌改良が必要な土質となっている。また、地区内の多くは細かな起伏の山林と細長い谷津田で構成されており、広くまとまった圃場を確保するのは難しく、圃場にアクセスするための道路条件等も未整備な地域である（図1）。

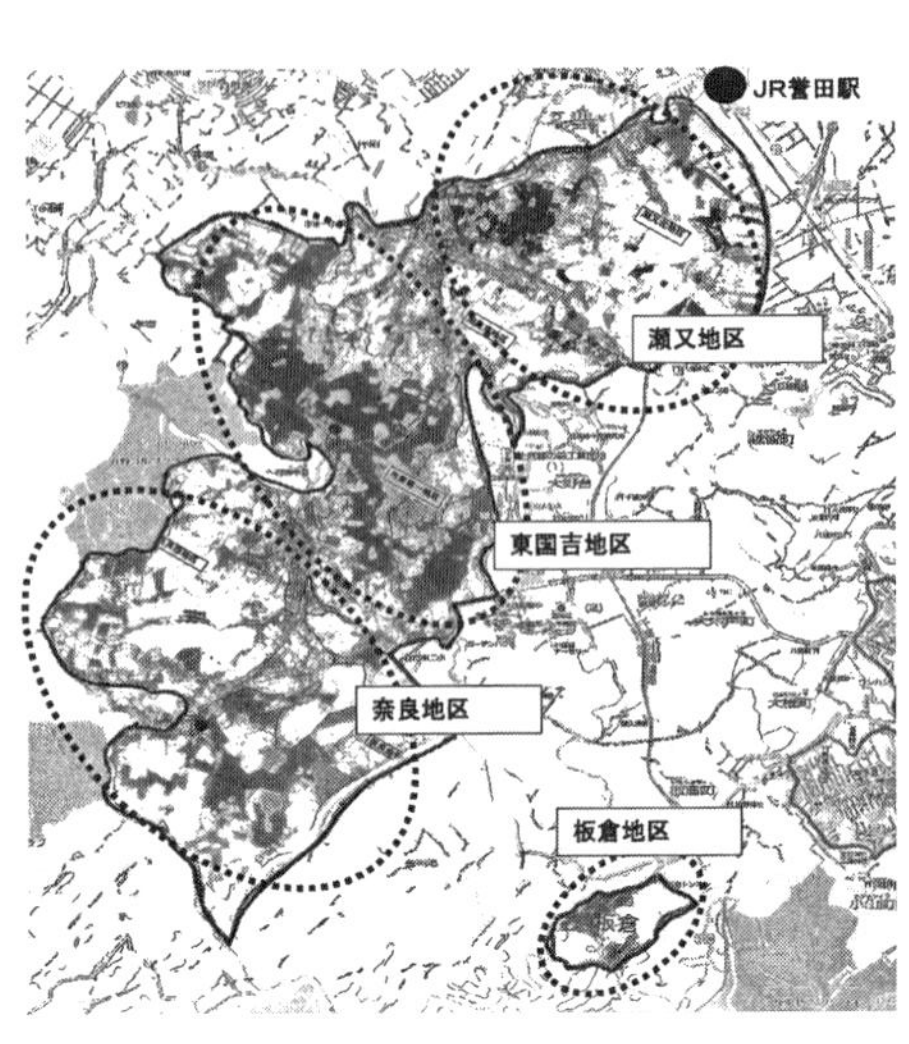

図1　対象農地等の所在
出所：日本リノ・アグリ事業資料より抜粋。

この事業による成功事例の創出は、同地にとどまらず、同じ状況にある千葉県内、さらには全国にも波及していくことが期待された。そして、当初は表1のようなマイルストーンを想定し、大規模農地再生、ミツバチ利用による里山再生、6次産業化を機軸に計画が展開されている（表1）。

2012～14（平成24～26）年までの3年間にも、耕作放棄地対策で10アール当たり国5万円、県2・5万円、さらに重機を入れる場合は別途2分の1の国の補助を受けて、3年間の実績で、国2000万円、県600万円の補助で15ヘクタールの農地を再生している（補助対象外を含めると再生面積は20ヘクタール）。これには、委員に入っている一般社団法人もりびとも協力しており、重機が入らない場所での作業もおこなわれた。

その結果圃場自体はきれいになったものの地力の損耗が激しかったためか、また大雨や干ばつという悪条件が重なったことも災いしてか、作物の生育は思わしくなかった。60ヘクタールの農地のうち条件が非常に悪い40ヘクタールは非農地とするしかなく、再生した20ヘクタールもどうすれば活用できるのかが課題となった。

表1　当初計画における各年度のマイルストーン

	平成27年度	平成28年度	平成29年度	平成30年度	平成31年度
マイルストーン	大規模農地再生	大規模農地再生	大規模農地再生（研修受入）	大規模農地再生（研修受入）	大規模農地再生（研修受入）
	メガソーラー稼動	木質バイオマス熱利用開始	木質バイオマス発電稼動	バイオマスガスプラント稼動	植物工場2期稼動
	植物工場稼動	蜜源植物栽培開始	6次産業化施設稼動	ミツバチ関連の体験ゾーン運営開始	
			ミツバチ利用の里山再生開始		

出所：日本リノ・アグリ株式会社「平成29年度市原市次世代農業推進事業成果報告書」から筆者作成。

表2　事業内容の見直し

項目	事業内容		平成27〜28年度	平成29年度以降
農業基盤技術・資材開発	土壌分析・改良・試験栽培		→	→
	ＩＣＴセンシング		→	→
	農業用ロボット導入実証		→	中止
	植物工場生産マニュアル		→	完了
	ハウス用フィルム研究		→	完了
人材育成活用	新規就農プログラム		→	→
	セカンドキャリア意識調査		→	→
情報・流通・ブランド化	輸出促進プロモーション研究		→	中止
	ターゲット層消費者への情報発信研究		→	→
資源情報エネルギー	木質バイオマス熱利用調査研究		→	完了
	木質バイオマス収集加工研究	収集加工研究	→	中止
		里山の利活用に関する事例調査	→	→
	木質チップ乾燥実証		→	中止
	木質バイオマス発電事業	木質バイオマス賦存量調査	→	完了
		発電事業化調査	→	中止
	ミツバチ飼育実証		→	→

出所：日本リノ・アグリ株式会社「平成29年度市原市次世代農業推進事業成果報告書」から筆者作成。

平成27～28年度にかけて、農業基盤技術・資材開発、人材育成活用、情報・流通・ブランド化、資源情報エネルギーという4つの項目に分類された多数の事業を実施したが、よい結果が得られないものもあった。そのため、平成29年度の事業前に以降3か年の計画の見直しがおこなわれることになる（表2）。

メガソーラー（発電能力2・4Mw）と植物工場（695坪）は予定通り稼動し、植物工場の野菜（レタス等葉物類）は首都圏の小売店・食品加工業者等に販売された。ただし、植物工場については、先進性はあったものの当初想定していたほどのパフォーマンスを得ることができず、収益性での課題を残している。

逆に、農業用ロボットの導入実証や木質バイオマスの利用については、あまりよい結果を得ることはできなかった。土地条件の悪さを前提として、収益力のある営農が難しいことから、ロボット技術の活用は効果が見込めないと判断された。調査研究としては完了となっているものもあるが、木質バイオマス発電事業については、インフラ面、コスト面での課題が大きいことから、方向転換が求められた。輸出促進プロモーションも、物流面など現段階では困難と判断された。

また、方向転換をしながら継続されたものもある。土壌分析・改良・試験栽培については、土壌改良を見据えて有機的管理ノウハウの習得・実施を踏まえて、ICT技術については、新規就農者の技術習得の環境を整えるなどの仕組みづくりに応用することを見込んでのことである。

継続事業の中で、成果が評価され、今後の発展を期待されているものの1つが、里山の利活用であり、オーナー制度や体験事業とのコラボレーションが模索されている。もう1つが養蜂事業であり、ミツバチの飼育実証を続けながら、里山資源の美観を維持し、付加価値をつけた商品販売等をおこなうことに期待がかけられた。

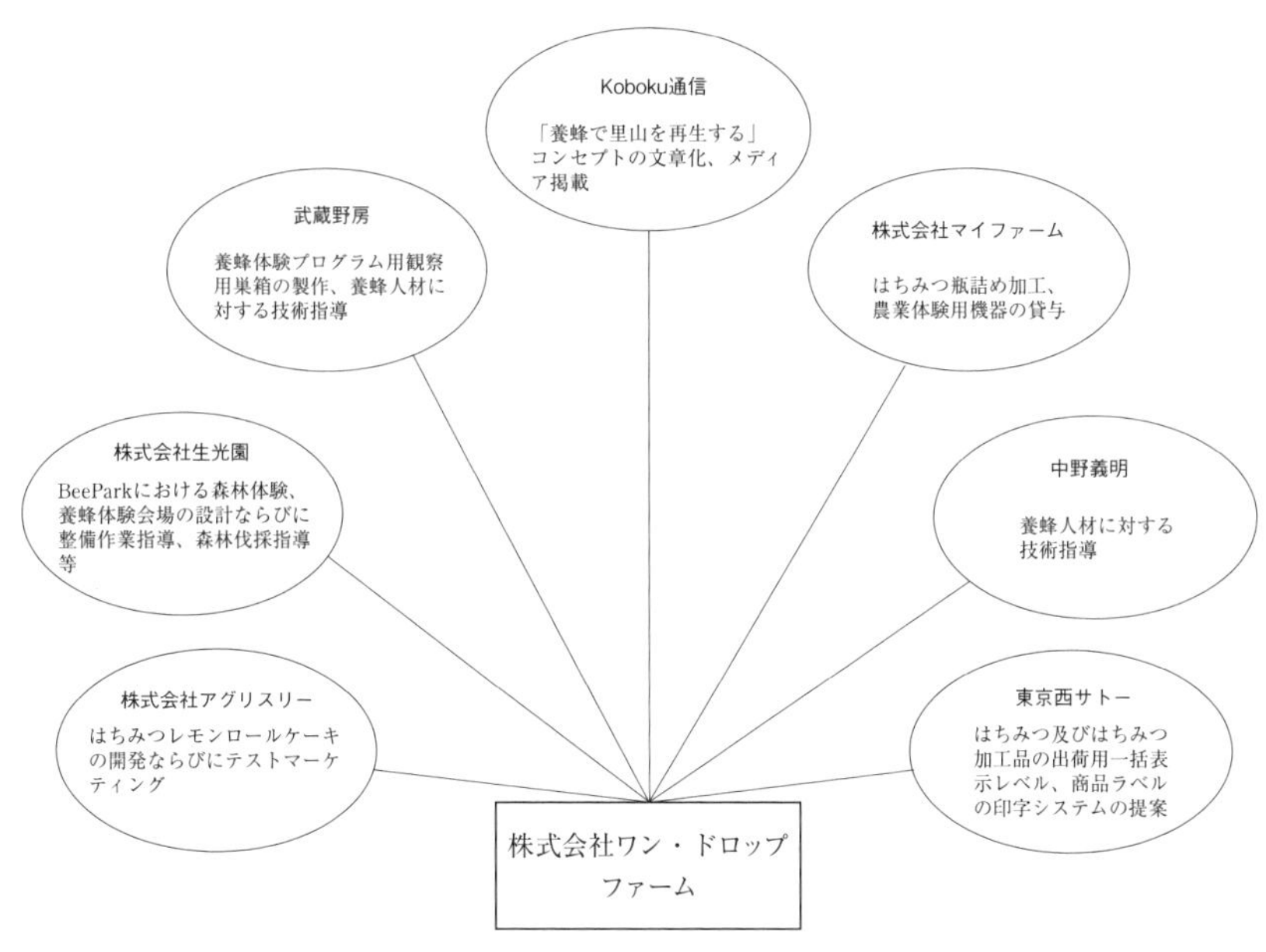

図2　養蜂に係る事業
出所：日本リノ・アグリ株式会社「平成29年度市原市次世代農業推進事業成果報告書」から筆者作成。

4　農業ビジネスの展開

計画見直し後の平成29年度事業は、蜜源植物の栽培による養蜂業を核とした里山の再生、賑わいの創出等を目指してスタートした。テストマーケティングも含め試験養蜂から加工品の試作（はちみつレモンロールケーキ）、それに関わる人財確保がおこなわれ、企業研修プログラムや良品計画社との共同開催による農業体験イベントが開催されるなど多様な計画が実施された。この方向は、30年度も継続維持されたが、養蜂に係る事業についてもすべて順調であったわけではなく、地域の果樹農家でのポリネーション利用については、現状ではハチの安定的な供給ができないため断念している（図2）。

千葉・市原農産の社長には、平成29年5月から木更津市にある農業法人に勤務していた豊増洋右氏が抜擢され、社名もワン・ドロップファームに変更している。豊増社長の他、植物工場の管理作業（日本リノ・アグリからの委託）を担当している若い男性社員2人、その他草刈りなどの委託作業をするパートを含めて17人程度のスタッフがいる。

豊増社長は、農地条件の悪さから生鮮露地野菜生産の事業化は困難であると考え、早くから養蜂事業の可能性に着目していた日本リノ・アグリの中村社長（平成29年度まで生光園社長を兼務）の方針に賛同した。中村社長は、造園はもちろん花木にも詳しいことから森林の蜜源化はある程度可能であると考えられた。長期的には、森林の杉を花木へ、圃場に播いている緑肥（ヘアリーベッチやクローバー）をユリやミモザに変えていきたいとしている。別の補助事業(3)で、蜜源植物の植栽を現在も進めている。

それでも蜜源が不足することが考えられることから、残りを地域の協力に求めている。地域住民の庭や空いている畑に蜜源となる花の種を播いてもらうのである。種まき大会、種の配布、草刈りをする代わりに播種を依頼するなど地域への働きかけをした。通常は花がある場所を求めて養蜂をするのだが、養蜂をするために花を植えるという作戦である。

また、豊増社長は、農業では家族経営の延長が重要と考えている。若い社員たちもこれまで作業してきた植物工場感覚のままでいたのではこれからの事業を継続させるのは難しい。労働条件を変更し、天候等の理由で勤務時間をずらせるようにした。さらに、若い男性社員のうち1人を長野県の養蜂農家に研修に出し、5群から15群に分蜂もしてもらっている。2018年には50群、将来的には120~130群が目標である。

ワン・ドロップファームのはちみつは170グラム入り1300円で販売しているが、豊増社長は、ただ作って売ればよいということではなく、買い手が何を求めているのか考えて売らなければ、利益を生み出すことはできないという。

２０１８年４月からは、東急不動産がこの事業から撤退し、それまで同社の事務所に入っていた日本リノ・アグリやワン・ドロップファームの事務所も農地・山林の近くに移転し、中村社長は生光園の社長を退任して日本リノ・アグリの専属となった。東急不動産は日本リノ・アグリの株主からも撤退し、代わってひらいホールディングスが株主となっている。

昨年の売上は日本リノ・アグリが１億円（メガソーラーと植物工場）、ワン・ドロップファームが５０００万円弱（はちみつ販売の他、日本リノ・アグリからの植物工場管理・森林管理等の委託費）である。しかし、これ以上の展開には現状の事業だけでは限界がきている。

農業関連の投資のほか、農地所有適格法人であっても、無議決権出資ならば一般企業から受けられるので、資金を増やして新事業に取り組んでいく方針である。森林体験、養蜂体験、巣箱オーナー、企業研修、研究委託、サイクルツーリストとのコラボなどこれまで検討されてきたことの実践であり、取り組みの拠点として東国吉地区に設置予定のBeeParkがその中心となる。有楽町でのはちみつとチーズのイベントへの出展（２０１８年８月）などＰＲを進め、訪問客の確保に努めている。

その一方で、豊増社長は、天候等の理由で客足が左右されがちな遠方からの顧客よりも、安定的に購入にくる地元の顧客を多数派として確保することを考えている。市街地に居住する地元農家の子供たちの里帰りもターゲットの１つであり、何を提供できるのかを模索中である。

5　農企業を支える地域連携の論理

多様な組織が絡むことは、ときとして適切な判断を遅らせて時間や資金の浪費につながる。実際、市原市での取組みも2年目が終わったときが、そのようなケースになるかならないかの岐路であったといえる。

しかしながら、中心となる経営体がリーダーシップを発揮して、方向を修正できるのであれば、多様な組織から集積される知識を有意義に使いこなすことができる可能性がある。

関係する多様な組織が関与し、情報を持ち寄り、アイデアを出して実践し、その結果を検討して、次の段階につなげていく地域ぐるみでのPDCAサイクルの機能の中核に、日本リノ・アグリやワン・ドロップファームの経営判断があったことが重要だったのである。

逆に、先進的な経営体が単独で判断した方が、より早くに軌道修正をすることができたと考えられるかもしれない。しかし、そうであったとしたならば、おそらくこれらの農地の再生という選択はなされなかったことだろう。より優良な農地を求めて、作目選択の制約も外していけばよいからである。房の駅農場の取り組みがまさにそれであり、地域と連携しながらも、地域から得るもの、地域に与えるものは大きく異なってくる。

条件不利地域での耕作放棄地は、千葉県内の他の地域、さらには国内中に散見される。この問題を解決するための仕組みを考えるということを前提にするのならば、多様な組織が関わって、あえて初期の負担を背負ってでも解決策を考えていくという選択を取らざるを得ないのである。

多様な組織が関わることには、不効率な側面があるのも事実であるが、その不効率自体にもそれなりの必然性はある。第1に、関係する組織が納得しながら、物事を進めていくことが全体のインセンティブを保つためには重要だからである。第2に、多様な組織が重層的に絡むことで、閉鎖的なイメージを伴う地域という枠を持ちながらも地域内の組織に限らない広がりが見られるようになるからである。地域は、特定の人のつながりを持った地理的に限定されたまとまりであるが、他の地域と完全に分断されていることはまれである。つながりをなくしてしまうと、本来の地域の特性を発揮する、あるいはその特性を活かしたビジネスを展開したりする機会を逃すことになってしまう。

地域に何をもたらし、また地域から何を得るのか、それを明確にすることで、地域連携のあり方も変わってくる。一般的には優良とはいえない地域資源を活かしながら事業を進めていくには、経営体のリーダーシップという核を持ちながらも行政を含めた多様な組織が関与する仕組みについて検討していく必要があるだろう。

注

（1）冨吉満之、北野慎一「農関連NPO法人における委託事業の影響と農林地の利用特性」（『システム農学』30（3）、2014年）でのNPO法人へのアンケート調査の結果（回答数281団体）では、49・3％が活動内容として「農地保全・管理」をあげている（複数回答）。

（2）これ以降の記述については、日本リノ・アグリ株式会社『平成29年度市原市次世代農業推進事業成果報告書』（平成30年2月）を参考としている。

（3）農林水産省「産地活性化総合対策事業のうち産地収益力増強支援事業のうち養蜂等振興強化推進事業（地区推進事業）」。

第8章 情報化社会の進展と新たなマーケティング戦略
——SNS、POSによる新たなムーブメント

川﨑訓昭
上西良廣

1 農業経営と情報化社会

近年の情報技術の発展により起こった情報技術・通信革命は、われわれの生活に大きな変革を与えている。金沢［2005］は情報化の進展について、「一つは情報というものが最も尖鋭な経営戦略の武器になってきていること、二つはその伝達、交換のための組織化が非常に知慧の要る弾力性を必要とすること」と指摘している。そのうえで、「ネットワークの時代に生きる農業経営体は、自己の思考と行動が他者との関係において、どのようなつながりがあるかを十分に認識しておく必要がある」と指摘している。

情報革命では、通信機器やインターネットなどの情報インフラが普及し、世界中の時間的・空間的距離が縮小されたことで、経済・産業社会の構造を工業中心からサービス中心に変化させてきた。農業就業者の高齢化や耕作放棄地の増加など、日本の農業が直面している問題は多岐にわたるが、農業が持続的に発展していくた

めには、これまでにない発想・着想を持つ農業経営体の出現が求められている。食糧管理法の廃止といった規制緩和や消費者の購買行動の変化による市場の細分化によって、法人化や複合化、多角化を促進し、従来の家族経営とは異なる多様な農業経営体が出現することとなった。

さらに、納口［2005］では、「消費・流通のニーズの変化により、出荷ロットの大きさよりも高品位で均質な商品を迅速に供給することが要請されていながら、受けて立つべき農業経営の分化・多様化の進行により、従来の地域的な生産組織や共同販売では対応が困難となっている」ことが背景となって、「近年、農業生産や農産物流通をめぐって、集落や旧村といった地域社会の範囲に限定されない農業経営相互間及び川中・川下の経済主体との広域な連携関係が展開している」と指摘している。そして広域なネットワークの形成は、「同質的な農業経営への生産の集中、相互補完的な農業経営への生産の分散、農業経営間または農業経営と関連経済主体との間での機能的な分業の仕組みを構築することにより、①高品質な資材の低コストかつ安定的な調達、②投資負担を軽減した急速な農産物供給能力の拡大、③供給農産物の高位標準化、④迅速な広域デリバリー体制の確立、等が実現されている」と述べている。

本章では以上をふまえ、特に情報化社会の進展が、農産物流通の川下段階にいかなる変化を与えており、その変化が農業経営体の経営行動にどのような影響を与えているのかを描写していくこととする。具体的には、第2節で近年のSNSの爆発的な普及に伴う小売段階におけるSNSの活用実態やマーケティング戦略の変容、第3節でビッグデータの収集・分析時代の到来に伴うマーケティング戦略の変容を述べ、第4節で事例分析をもとに、川下段階におけるSNSやPOSデータの活用による消費者分析の実態について整理したうえで、そのような分析データを農業経営体がいかにマーケティング戦略につなげていくのかについて検討することとする。

2　川下段階におけるＳＮＳの活用

本節では、川下段階の中でも最終の小売店段階を対象とし、事例として生活協同組合（以下、生協）に注目し、生協によるＳＮＳを活用した情報発信の実態を紹介する。

⑴　ＳＮＳの概要

近年、小売店と消費者を結ぶＩＣＴ（情報通信技術、Information and Communication Technology）としてＳＮＳが注目されている。ＳＮＳ（Social Networking Service）とは、登録した者同士が交流できるＷｅｂ上の会員制サービスのことであり、スマホなどを通じて瞬時に情報を発信することができ、特に若者を中心として登録者数が急増している。農業分野におけるＳＮＳの活用としては、農業者が農産物やその成長過程について発信したり、小売店が新商品や特売品に関する情報などを消費者に発信したりする事例が多数見られるようになっている。

日本国内で急激に普及している主要なＳＮＳとしては、ＬＩＮＥやTwitter、Facebook、Instagramなどがあり、表1に各ＳＮＳの概要をまとめた。表中のＳＮＳの中では、ＬＩＮＥの利用者数が圧倒的に多い。ＬＩＮＥを運営するＬＩＮＥ株式会社は企業などを対象としたビジネス利用のためのサービスを提供しているが、主要なものにＬＩＮＥ公式アカウントとＬＩＮＥ@がある（表2）。

ＬＩＮＥ公式アカウントは極めて多くのユーザー（顧客）に配信することを想定して開発されており、機能

表1　国内において普及している主要なSNSの概要

	LINE	Twitter	Facebook	Instagram
特徴	・1：1のトーク ・グループ内でのメッセージの送受信 ・無料通話	・短文（140字以内）を投稿	・実名制 ・無料通話	・写真や動画などを加工して投稿
MAU＊ （参照年月）	7,500万人 （2018.3）	4,500万人 （2017.10）	2,800万人 （2017.9）	2,000万人 （2017.10）
普及開始年 （日本語対応年）	2011年	2008年	2008年	2010年

出所：各会社のホームページや決算資料などの公表資料をもとに筆者ら作成。
注　：表中のMAU（Monthly Active Users）とは、一か月の間に一度でもアプリやサービスを利用したユーザー数を指す。

表2　LINE公式アカウントとLINE@の比較

	LINE公式アカウント （年間契約の場合）	LINE@ （プロの場合）
サービス開始	2011年6月	2012年12月
ターゲットリーチ数＊1	無制限	10万人まで
初期費用	800万円～	0円
月額費用＊2	250万円～（税別）	21,600円（税込）
月次メッセージ配信数	月4回まで	ターゲットリーチ数10万人以内は無制限で配信可能
特徴	・数十万～数百万単位のユーザーへの配信を想定 ・LINEアプリ内での露出が高く、様々な機能を備えているため、新規顧客も含めて幅広い認知に関する効果が大きい。	・店舗単位で利用できる小規模アカウント ・LINEアプリ内での露出が低く、IDや店舗名で直接検索してもらわないと見つけにくい。 ・既存顧客とのコミュニケーションや来店促進には効果があるが、幅広い認知に関する効果は限定的である。

出所：「LINEアカウント　2018年7月～2018年9月媒体資料」（LINE株式会社）をもとに筆者ら作成。
注1：ターゲットリーチ数とは友達の中で、性別・年代・活動エリアなどの属性を推定できるユーザー数のこと。属性の推定にあたっては、LINE上で使用したスタンプや利用しているアプリ、興味のあるコンテンツ、フォローしている公式アカウントやLINE@アカウント等を分析する。
　2：月額費用は公式アカウントの場合は契約期間、LINE@の場合はプランによって異なる。

が非常に充実している。例えば、ＬＩＮＥアプリ内で公式アカウントが表示されるため、ＬＩＮＥのユーザーが見つけやすく、友達登録をしてもらう機会が増加する。また、マーケティングに関する機能としては、公式アカウントの友達となっているユーザーの属性〔性別、年代、居住地（都道府県）〕の情報を閲覧できるとともに、メッセージを属性別〔性別、年代、居住地（都道府県）、利用しているＯＳ、友達になってからの期間〕に配信することが可能である（これをセグメント配信という）。このように機能が充実していることもあり、アカウントを取得するための費用が高い。

一方、ＬＩＮＥ＠は店舗単位でアカウントを作ることができる小中規模の企業向けサービスである。ＬＩＮＥ＠には複数のプラン（プロ、ベーシック、フリー）があり、プランによって費用や機能が異なる。ＬＩＮＥ公式アカウントと比較して費用を大幅に抑えることができるが、ユーザーがＬＩＮＥアプリ内で企業名や店舗名を入れて直接検索しなければアカウントを見つけることができないため、企業がアカウントの存在を積極的にアピールする必要がある。マーケティングに関する機能としては、プランがプロの場合のみ、アカウントの友達となっているユーザーの属性〔性別、年代、居住地（都道府県）〕の情報を閲覧でき、メッセージのセグメント配信も可能である。

（2）事例の概要

本節と第３節では、事例として大学生協の京都大学生活協同組合（以下、京大生協）、市民生協の京都生活協同組合（以下、京都生協）と大阪いずみ市民生活協同組合（以下、いずみ生協）の３事例を取り上げる。各事例の概要を表３に整理した。

表3　各事例の概要

	京大生協	京都生協	いずみ生協
創立	1949年	1964年	1974年
組合員数	約3.3万人	約54万人	約53万人
供給高（2017年度実績）	約55億円	約780億円（うち宅配520億円、店舗230億円など）	約920億円（うち宅配570億円、店舗230億円など）
出資金	4.7億円	160億円	140億円
職員数	役員35人	約1,700人（7.5h換算）	正規職員711人 非正規職員592人

出所：各生協のホームページや決算資料をもとに筆者ら作成。
注　：表中の数値は2017年度末の数値である。

（3）ＳＮＳの活用実態

ここでは各生協におけるＳＮＳの活用実態について紹介する。各生協のＳＮＳの活用状況を表４にまとめた。

まず、大学生協である京大生協の食堂部門を事例として取り上げる。京大生協が運営する店舗には、食堂と購買（ショップ）、旅行センターがあるが、ほぼ全ての店舗が店舗独自のTwitterアカウントを持っている。約１～２週間に１回の頻度で情報発信しており、投稿する内容は各店舗に委ねられているが、期間限定の提供メニューや食生活相談会などイベントの告知に関するものが中心である。各店舗によってフォロワー数（投稿の購読者数）にばらつきはあるが、２０１８年６月末時点で最も多い店舗で約２２００人がフォロワーとなっている〔京大の学生数は約２・２万人、教職員数は約５５００人（２０１８年度）〕。

京大生協は２０１２年頃からTwitterを活用して情報発信しているが、そのきっかけは写真付きで情報を即座に発信できる点に魅力を感じたためであった。それ以前はメールマガジン（以下、メルマガ）で情報発信していた。なお、Twitterでは投稿できる文字数に制限があるため（表１）、京大生協では来年度からＬＩＮＥ＠の活用を検討している。

表4　各生協におけるSNSの活用状況

	京大生協	京都生協	いずみ生協
活用している SNS	Twitter	LINE@	LINE@（店舗単位） Facebook（生協全体） いずみ生協のアプリ
運用開始年	2012年	2017年	2017年
発信頻度	1～2週間に1回	週2回	週2～3回
発信内容	期間限定の提供メニューやイベントの告知等	チラシの内容に合わせて特売品やクーポン等	チラシの内容に合わせて特売品やクーポン等
従来の情報発信手段	メルマガ	メルマガ	メルマガ
今後のSNS活用方針	LINE@の活用を検討		LINE公式アカウントの活用を検討

出所：各生協の担当者へのヒアリング調査結果をもとに筆者ら作成。

次に、市民生協の京都生協には店舗事業分野と宅配事業分野があるが、店舗事業分野に関しては２０１７年からＬＩＮＥ＠を活用して週２回の頻度で情報発信している。近年は新聞を取らない世帯が増加しており、チラシのみでは情報発信手段として不十分であることに加え、ＬＩＮＥ＠を活用する同業他社が急増している影響を受けて活用することにした。ＬＩＮＥ＠を活用するまではメルマガが主要な情報発信手段であった。

京都生協では、チラシを発行する頻度が週２回であるため、このタイミングと合わせて、セール品や各店舗でのイベントに関する情報を発信している。情報発信の頻度が多くなりすぎると、受信を拒否される可能性があるので週２回の頻度を維持している。

最後に、いずみ生協の店舗事業分野ではFacebookに加え、最近ではＬＩＮＥ＠を活用しており、全店11店舗のアカウントに対し合計約１万人が登録している（２０１８年７月時点）。ＬＩＮＥ公式アカウントを持ちたいと考えているが、費用面を考慮してＬＩＮＥ＠を活用している。チラシを発行するタイミングと合わせて週２、３回の頻度で、特売品や新商品などに関する情報を発信するとともに、クーポンを発行している。現状では店舗事業分野と宅配事業分野は独立して情報発信しているが、重複して情報を配信してしまうという事態が生じているため、情報を一元化して発信しようとする動きがある。さらに、いずみ生協のアプリをすでにリリースしており、クーポンの配信機能や、スマホをかざしてチラシや商品を見ることで動画やホームページが表示されるＡＲ機能〔拡張現実、Augmented Reality〕を備えている。

3 ビッグデータの分析を活かした効率化

農産物は規格や品質による選別基準が多様であり、用途も多様であることが商品的特質としてよく知られている。また、天候条件や気象条件による収穫量の変動幅が大きいため、農産物流通の各主体による情報の共有化による発注予測の重要性が増している。これまで各主体は予測の精度を高めるためデータの収集に尽力してきたが、今後は蓄積したデータをいかに分析するかの新たな段階を迎えている。そこで本節では、前節と同様に生協を事例として、ＰＯＳシステムによる受発注管理の現状と、ビッグデータの分析による運営の効率化の様相を紹介することとしよう。

(1) POSシステムの概要

２０１８年1月に野菜価格が大幅に高騰するなど、農産物価格の乱高下がしばしば発生するわが国の農産物流通では、ＰＯＳシステム〔Point of Sales（販売時点情報管理システム）〕がＩＣＴの活用によりさらなる革新を遂げている。１９７０年代からチェーン店を中心に導入されたＰＯＳシステムは、ＰＯＳレジとバックヤードのホストコンピューターとを組み合わせ、商品の価格のコントロールだけではなく、販売時点におけるデータを収集することで、販売動向を把握する方法である。販売時点で収集したデータは、各部門がそれぞれの目的に応じてデータを処理し、業務への活用をおこなう。特に、販売情報の記録、在庫管理、受発注管理に優れ、各部門で把握している品名や数量に食い違いが発生しないよう逐次チェックをする必要性から解放され、他の業務に人的資源を投入できるため、小売店段階で幅広く導入されてきた。

多くの既存研究では、このＰＯＳシステムの効果として、以下の６点が指摘されている。

①「商品管理」：在庫切れにより販売チャンスを失う「チャンスロス」と、大量に売れ残り処分が必要となる「廃棄ロス」を抑えるための商品管理ができ、死に筋商品の発見に効果的とされる。また、収集したデータをもとに発注予測を立て、次の発注をおこない、在庫管理に役立てることができる。

②「顧客管理」：ＰＯＳデータに加えて、顧客情報を付与したID-POSデータにより、発注予測の精度を向上させることができる。

③「従業員管理」：中央本部での発注管理ではなく、各部局・店舗での発注を基本とするが、従業員自らが発注に責任を持ち、常にアンテナを張り巡らせ発注予測を確かなものとするモチベーション管理に利用することができる。

④「情報の集中管理」：複数の店舗のデータを比較したり、天候と売り上げなど多様なデータを連携させたりすることができる。

⑤「レジシステムの改善」：レジ会計の省力化・迅速化に加え、適時に在庫管理ができレジ会計の正確化にも寄与することができる。

⑥「販売の各時点における情報収集」：店舗ごとの売り上げ動向に見合った値下げタイミングの決定、適正在

庫量の維持、各店舗からの商品補充の手続きが可能となる。

以上のような特徴を持つＰＯＳシステムであるが、近年は収集した膨大なデータ（ビッグデータ）を分析し、店舗運営のさらなる効率化を目指す取り組みが進められている。

（2）ＰＯＳシステムによる情報システム化

①ＰＯＳシステムを活用した受発注管理

京大生協では、ＮＲＩ（野村総合研究所）が開発した大学生協ＰＯＳシステムを利用し、レジで読み取った商品コードから最終売り切れ時間、各商品の売れ残り率、１人当たりの購入点数を自動集計し、次週の発注計画を立てる際に活用している。ＰＯＳデータを活用した発注は本部一括でも各店舗単位でも可能であるが、京大生協では各店舗で発注している。これは、各店舗の個別の事情を加味でき、さらに商品販売への従業員の意欲向上が期待できるためである。

②ＰＯＳデータの分析

近畿2府3県にある7つの市民生協は、各単位生協で専門のデータ分析会社と連携し、時間帯別、曜日別など、より精緻化したID-POSデータ分析を進めている段階にある。また、それら7つの生協がコープきんきという事業連合を組織し、分析能力に長けた専門グループが組合員の過去の購買実績から得られるビッグデータを分析し、組合員一人一人に対応したおすすめ商品の提案や情報提供をおこなっている。

4 SNSとPOSを活用した新たなマーケティング戦略

一般にマーケティングは自社の商品を取り扱う顧客と良好かつ収益性の高い関係を築くための手法であると理解される。また、マーケティング戦略の目標は「顧客が求めている価値を創造し、顧客から売り上げなどの価値を受け取ること」である。しかし、これまで農業分野では、長く政府による様々な市場制度やJAによる共販制度により、極めて効率的な流通体制が構築されてきた半面、実需者や消費者が求める価値を農業経営体自身が追求したり、模索したりすることは遅れてきたといえる。

第2節で生協の各事例におけるSNSの活用実態について整理した結果、SNSの効果的な活用方法として、①SNSの活用による来店効果や売上効果などの分析、②効果がある投稿内容などの分析、③登録者の属性の分析、④登録者を属性に応じてセグメントに分け、セグメントごとに効果があると考えられる情報の発信等、が挙げられる。

また、第3節で見たように、1970年代からわが国小売店に導入が進められてきたPOSシステムは、ビッグデータ時代を迎え、ID-POSデータを活用した消費者1人1人への商品提案・情報提供へと新たな革新を遂げている。特に、データ分析から各消費者の嗜好に合った商品やメニューを提案することで、顧客満足度を向上させる店舗運営が可能となっている。

一方で、上記のような分析ができる人材がそもそも社内にいないことを指摘した事例もあったため、人材の社内での育成や、アウトソーシング先との連携が、川下段階での消費者分析にとって急務である。また、PO

Sデータの分析や分析データの活用方法に長けた人材が不足し、事業運営に活用できていない事例も散見され、POSデータをより簡易に分析できるシステムの開発や人材の育成・確保が喫緊の課題である。

このような課題も見受けられるものの、消費者1人1人の嗜好に合わせた商品提案の可能性がマーケティング戦略の重要な柱となりつつある。このような状況下で、農業経営体が今後注視していかなければならない点として、以下の2点が挙げられる。

第1に、「意識改革」である。農業生産の現場でもオランダ型の高生産型ハウスの建設が拡がりを見せるなかで、「数値化」や「見える化」に取り組む農業経営体はめずらしいものではなくなってきた。しかし、それらの取り組みも生産段階での合理化や差別化に限られたものが多く、出荷・調整段階や販売段階へと拡げていくような経営者および従業員の意識改革が必要となるであろう。

第2に、「情報の選別戦略」である。これまで農業経営体は、自身が出荷する農産物や市場の情報をいかに入手し、蓄積するかに尽力してきた。しかし、情報ネットワークが整備される中で、膨大な情報が入手可能となり、その分析手法もパッケージ化されつつある今日、膨大な情報を取捨選択することなく、市販されているパッケージソフトで分析をしていては、自経営の差別化にはつながらない。そのため、自経営に必要なデータを峻別したうえで分析するなど、ビッグデータやその分析データから必要な情報を抽出する選別戦略が必要となる。

［付記］本章は、2019年5月刊行予定の『新スマート農業』（農林統計出版）の執筆に伴う、各生協への聞き取り調査をもとに各事例の概要を抽出した原稿である。情報化社会と農産物流通の今後の課題の詳細については、当該書を参照されたい。

参考文献

［1］金沢夏樹「ネットワークの時代に生きる」金沢夏樹・納口るり子・佐藤和憲編著『農業経営の新展開とネットワーク』農林統計協会、2005年、1～9頁。

［2］納口るり子「農業経営を取り巻く環境変化とネットワーク組織化」前掲書［1］、10～17頁。

第9章　地域が担う事業継続への力
——三重県伊賀市・菜の花プロジェクトの特産品づくり

小林康志

1　菜の花プロジェクトの拡がり

菜の花プロジェクトは、菜の花の栽培とナタネ油の製造を通じて資源循環型社会を実現しようとする活動である。資源循環は、①遊休農地などで菜の花を栽培する、②菜の花の種子であるナタネを搾油してナタネ油を製造する、③ナタネ油を地域の特産品として販売したり地産地消する、④使い終わったナタネ油はその他の廃食油とあわせて回収し軽油代替燃料（Bio Diesel Fuel：以下、ＢＤＦ）を製造する、⑤ＢＤＦを車両や農業機械の燃料として利用し再び菜の花を栽培するというサイクルである。(1)

菜の花プロジェクトの事業主体はＮＰＯ法人など非営利組織が多く、全国組織である菜の花プロジェクトネットワークには国内で活動する約１３０の主体が加入している。(2)同ネットワークは２００１年に設立され、その活動は２００４年に農林水産大臣賞、２０１３年には地域づくり総務大臣大賞を受賞している。このように、菜の花プロジェクトは社会的に高く評価されるものの、経済的に採算が合いにくいといわれている。(3) 菜の花プロジェクトの主要な収益源はナタネ油の販売であるが、国産ナタネ油は量販店で販売される外国産原料のナタネ油(4)と比較して販売価格が割高で消費者の購買につながりにくいからである。

小林・大原［2014］では、2009年に行政主導で開始し、ナタネ栽培の実績が全くない状態から短期間でナタネの栽培面積を拡大し、ナタネ油を特産品として育成した三重県伊賀市の菜の花プロジェクト（以下、伊賀市菜の花プロジェクト）を事例に取り上げ、伊賀市における行政施策や官民連携の有り様、各主体の事業展開の論理を考察した。ただし、その考察は搾油施設の設置と運営に国の交付金を得ていた時期を対象にしている。2011年の国の支援終了後、伊賀市は搾油施設運営を第3セクターである一般社団法人大山田農林業公社（以下、公社）に指定管理契約で業務委託した。契約内容は伊賀市の行政支援を年々逓減させ、公社による黒字経営を目指すものであった。

指定管理契約後の伊賀市におけるナタネの栽培面積は約60ヘクタール、栽培農家（集落営農組織や法人を含む）は約50主体で推移し、総収穫量は豊作の年で約33トン、不作だと20数トンの年もある。平均収量は、圃場による出来不出来の差が大きいが10アール当たり約50キログラムである。

本章では、伊賀市菜の花プロジェクトを再度取り上げ、公社と農家が支え合い、行政や農協が役割を果たしながら販売戦略を柔軟に変化させ、ナタネ生産とナタネ油の製造・販売を経済的に採算のとれる事業として継続させている様相について、その要因を考察する。

2　大山田農林業公社と大山田ファーム

本節では、搾油施設を運営する公社と、その関連会社でありナタネ栽培の作業受託で大きな役割を果たす有限会社大山田ファーム（以下、ファーム）の本来の設立目的と業務を紹介しておきたい。

（1）大山田農林業公社とファームの設立

公社は大山田村（市町村合併で現・伊賀市）が伊賀北部農業協同組合（現・伊賀ふるさと農業協同組合）と村民有志の協力を得て1995年に設立した。設立の目的は村内の農地が高齢化などで耕作放棄されるのを未然に防ぐことである。2018年現在、所有者から約170ヘクタールの貸付申し込みを受け、比較的好条件の農地約110ヘクタールは地域の担い手農家に貸し付けている。一方、借手の見つからない条件不利な農地約60ヘクタールは、公社の関連会社であるファームが耕作している。公社は2004年に農産物加工所を設けて、寿司、餡餅、かきもち、梅干、味噌、干し柿などを販売している。

2018年現在、公社は無報酬の役員16名、職員3名、常勤臨時職員4名、非常勤臨時職員9名、ファームは役員2名、社員1名（3名とも農作業従事）で構成されている。

（2）耕作放棄地を発生させない取り組み

農地貸借の現状からみてみよう。自分で耕作できなくなった農家は公社に引き受けを依頼する。公社は、各集落の役職経験者などで構成される土地利用協議会に借手を探す依頼をする。依頼された農家は多少耕作に不利でも近隣であることから引き受ける場合が多い。どうしても借手が見つからない場合はファームが引き受ける。そのため、ファームの圃場は耕作条件が不利なだけでなく飛び地が多く作業効率が悪い。

賃借料は平均で10アール当たり約4000円である。無料の圃場も約10%ある。公社はそれら賃借料を毎年借手から徴収し貸手に支払うとともに、貸手・借手の双方から事務手数料の2%を徴収する。事務手数料の総額は約25万円であるが、煩雑な事務量を考慮すると利益率のよい業務とはいいがたい。この業務には公社の会員である伊賀市と伊賀ふるさと農業協同組合（以下、JAいがふるさと）の年会費が充当されている。

ファームは公社の実働部隊として2002年に設立され、コシヒカリ、もち米、黒米、大豆などを作付けしている。公社や大型農業機械を保有しない農家からナタネ栽培などの農作業受託もおこない、補助金などの公的支援は受けずに黒字決算を続けている。水田は水路掃除や農道補修などの共同作業が集落単位でおこなわれるが、ファームは出役を求められていない。圃場の属する集落が多すぎて農作業に支障をきたすため、営農作業に専念できるよう地域がファームを支えているのである。これらの活動から、公社とファームは「農地の最後の引き受け手」と地域から認識されている。

伊賀市菜の花プロジェクトでは、公社とファームの前述の業務に新たな役割が加わったのである。

3　伊賀市菜の花プロジェクトの優位性

伊賀市が行政主導ではじめた菜の花プロジェクトでは、ナタネ油販売を経済的に採算が取れる事業にするため、①他所にはない高品質な新商品の製造技術開発、②ブランドイメージの確立、③ナタネ生産体制の確立の3点を施策としておこなった。これら施策は小林・大原（2014）で詳しく述べたが、次節以降の考察のため概要を紹介する。

伝統的な国産ナタネ油の製法は、搾油率を向上させるため原料ナタネを焙煎してから圧搾し、炒め料理・揚げ料理に利用される。この製法のナタネ油は小規模ながら国内各地で生産されているため差別化が難しい。伊賀市はこの製法に加え、ナタネを焙煎せず生のまま圧搾し、ドレッシングやマリネなどに利用するエクストラバージンオイル（以下、バージンオイル）を製造する技術を確立した。価格は小瓶94グラムで1000円とやや高めである。伊賀産ナタネ油の統一商品名を「七の花（なのはな）」として、ブランドイメージを高めるため首都圏の高級飲食店などで積極的に催事をおこない知名度向上を図りつつ、高品質で洗練された商品であることを地域内に逆発信した。市内の農家にはナタネ種子を無償で配布するとともに、産地づくり交付金の交付対象作物とすることでナタネ栽培の機運を醸成し、地域内で原料調達が出来る仕組みを整えた。栽培に取り組んだのは、中山間直接支払い制度などを活用し農地を保全しているものの栽培はしていない組織、農地の保全と活用を両立させようとする集落営農組織が多かった。伊賀市は搾油施設に親しみやすいよう菜の舎（なのくら）と名付け、製造工程の見学を積極的に受け入れた。

公社は菜の舎を運営するために国の雇用対策事業交付金（2009～2011年）を活用して新たに職員2名を雇用した。雇用対策事業の終了後は伊賀市と5年間（2012～2016年）、指定管理制度による運営委託契約を結んだ。初年度の委託料は300万円で、年々逓減して5年目は150万円、6年目からは伊賀市の支援に頼らない自立運営を目指す計画であった。ナタネ油の年間販売額は2014年までは800万円前後で推移していたが、後述する販売戦略の変更が功を奏し2015年以降は約1100万円に増加している。菜の舎単独の決算状況は、販売額が増加して以降人件費など含んで黒字であり公社の運営に寄与している。

収穫量とナタネ油売り上げの関係は、ナタネ乾燥重量10トンで小売価格約500万円分の製品ができる。菜の舎の処理能力は年間40トンなので小売価格で2000万円分の製品ができることになるが、当面は栽培面積拡大よりも単位収量の安定と増加によって売り上げ1500万円達成を目標にしている。

4　伊賀市のナタネ油販売戦略

公社がナタネ油の販売額を増加させ菜の舎の黒字運営を実現した要因は、販売戦略を柔軟に変化させたことと、販売戦略を支える人材の2点が挙げられる。

(1)　販売戦略の柔軟な変化

前述したように、伊賀市が当初描いた販売戦略は、東京など首都圏で積極的なキャンペーンや販促をおこなうことでメディアを通じて知名度を上げ、高級品イメージのナタネ油を地域に逆発信させることであった。そのため、ビンやラベルのデザイン、ギフトボックスや商品パンフレットも女性受けするようこだわった。その戦略は一定の効果があり、地域の人々が友人や親戚に「新しい伊賀市の特産品」として渡す贈答品や引出物に使われた。

品質的にもっとも高い評価を得たのは生搾りのバージンオイルである。一方で、「よい商品だが価格が高い」、「ガラスビンを使い終わるごとに捨てるのがもったいない」といった女性消費者の声や「かご盛に使いたいが容器が割れると困る」といった農協や取引先の声が聞こえてきた。この頃はナタネ油の売り上げが約８００万円で推移していた時期であり、菜の舎を黒字運営する必要のある公社は「高級感を保ちながら比較的廉価なバージンオイルを割れない容器に入れた新商品」を開発することにした。廉価にするためにはナタネを手間と経費をかけずに搾油する必要があった。製造工程でもっとも手間がかかるのはろ過作業である。特殊なろ紙を用いて自然落下で何回もろ過するため作業効率が低く人件費がかさみやすい。そのため、機械ろ過する技術を開発し作業効率を飛躍的に高めた。割れない容器は角型ペットボトルを採用し従来のガラス瓶より資材費を軽減した。原料は新商品用のランクを設けて管理することにした。

また、日常使いのお買い得感のある商品であることをアピールしつつ、従来の「七の花」ブランドの高級イメージを損なわないため、商品名を「やさしい油」としラベルデザインも新たに考案した（写真１）。販売価格は５００グラムで６５０円とした。七の花バージンオイルと比較するとかなり廉価だが、量販店の外国産原料ナタネ油よりは高価である。そのため公社は新商品の主たる購買層を「少し高価でも上質な品物を購入したい消費者」に定めた。２０１７年における総売り上げ本数の約55％は新商品のやさしい油であり、新たな販売戦略は効果をあげている。

写真１　やさしい油
出所：筆者撮影。以下同。

ただし、高級品であることをアピールし続ける方策も必要である。そのため、新商品として「生ハムの菜種油漬け」を発売した（写真２）。自然肥育のブランド豚で生ハムを製造する事業者とのコラボ商品で、１瓶当たり生ハム60グラム、ナタネ油１４０グラムが入って２０００円である。ナタネ油は最高級の「七の花　エクストラバージンオイル」

写真２　生ハムの菜種油漬け

写真３　イベント出展のようす

を使用している。高価な商品ではあるがエクストラバージンオイルの「品質を価格で表現」し、さまざまな使い方があることを消費者に理解してもらうことでナタネ油の売り上げを底上げすることを目的としている。「生ハムの菜種油漬け」は、４００個売れれば開発費を賄える計算だが、２０１８年春の発売後２か月で２００個を売り上げている。

新商品の販売戦略では対面販売を重視した。公社はこだわりの食材を扱う直売所や百貨店で、ほぼ毎週末に試食販売を実施している。これらの店舗では多少高価でも良質な食材を購入したい消費者が多い。試食はやさしい油をスプーンで一口飲んでもらうことを基本にしている。ただし、季節や場所によって変化をつけ、ファミリーが多い店舗ではドーナツや大学イモ、商品価格の高い店舗では季節の山菜や野菜などの天ぷら、イタリアントマトとチーズのサラダなどを店舗内で調理し出来たてを提供する。ファミリーにドーナツを試食してもらえれば会話が弾む可能性が高まる。子どもは食べるのに時間がかかるので、その間親にやさしい油の使い方、製造方法のこだわり、希少性などをアピールしている。

また、イベントや催事への出店も積極的である。秋の行楽シーズンでは休祝日を中心に約20回参加する。イベント参加は毎日開催する朝のミーティングで1か月先までの予定を決める。各イベントでそれぞれ責任者を決め、責任者が必要品を準備する。天気予報や前年の販売実績を確認することで来場者数を予想し、どの商品をどれくらい売るのかを計画する。商品アイテムは、ナタネ油や生ハムの菜種油漬けのほか、ナタネ油で揚げたドーナツやコロッケ、かきもち、公社で併営する食品加工所の焼餡餅、巻き寿司など豊富である。その場で揚げたてのドーナツやコロッケを対面販売することで、購入者に直接ナタネ油の良さをアピールすることが可能になる（写真3）。

イベント出店はＰＲだけでなく利益の確保も実現している。大きなイベントでは、１日の売り上げが30万円を超える日もあり、例えば、揚餡餅はスタッフがその場で焼いて６００個を売り切っている。地域の小さなイベントにも声がかかれば小まめに出店する。小額の赤字が出ることもあるが付き合いを重視し、商品を大量に持ち込まずその日に売り切ることを心がけている。小さなイベントは人件費抑制のため１人か２人で出かけるが、忙しくしていると地域の人々が手伝ってくれる。地域から備品借用の依頼があれば揚げ物用のフライヤーを無償で貸し出す。貸し出すとナタネ油の一斗缶（18リットル）が売れる。イベントは休日や祝日開催が多いので、代休取得ができる正職員が主に担っている。

近年では大手百貨店から催事の出店依頼を受けることも増えてきている。１週間の催事だと、職員が全期間出張すると日常業務が滞るため、現地で臨時の販売員を雇用して商品説明ができるよう研修している。当初のイベント出店はＰＲが主目的だったが、利益が確保できるようになったため主要な事業として拡大していく方針である。

（2）販売戦略を支える人材

菜の舎の運営を主に担うスタッフは、正職員で責任者のＡ氏、常勤臨時職員のＢ氏、非常勤臨時職員のＣ氏の３名である。

A氏は搾油作業とナタネを栽培する農家との調整を担当する。大学で食品化学を学んでおり、製造工程全般を合理的に改善している。B氏はろ過作業と事務を担当している。民間企業の工場で生産管理を担当していたので在庫管理が得意である。C氏はシルバーエイジだが、根気のいる瓶詰め作業を担うためなくてはならない戦力である。

責任者であるA氏の年間業務を見てみよう。菜種は秋に播種し春に収穫するので、9月に菜種栽培圃場を確定する。例年、公社は約8ヘクタール、伊賀市全体で約60ヘクタール栽培されている。公社だけでなく、農家の栽培圃場も確認し、ナタネ種子を配布する。種子の費用は伊賀市が負担している。10月初旬は播種作業である。公社は大型農機具を保有せず、ファームに委託するとともに作業をサポートする。11月は行楽シーズンのためイベント対応が多くなり、休祝日はほとんど出勤する。12月は大豆の乾燥・調整作業を受託する。1月から3月はバージンオイル用の種子の水洗、商品のたな卸し、ナタネ以外の搾油受託をおこなう。(5) 4月、5月は春の行楽シーズンでイベント対応が多くなる。また、この時期から商品の動きが早くなる。伊賀市全域のナタネ圃場を巡回し生育状況を見て刈り取り作業の順番を決める。6月中旬から7月初旬は収穫したナタネが菜の舎に持ち込まれるのでもっとも繁忙期である。菜の舎の能力以上に搬入されると処理しきれないため、農家と個別に携帯電話でやり取りしその日の刈り取り圃場を確定する。ナタネは実こぼれしやすいので、収量を確保したい農家は早期に刈りたがるが、未熟だとナタネ油の品質が保てないためもっとも熟している農家から刈り取るよう調整する。刈り取り終了後8月までは、早期にナタネ油を地域に持ち帰りたい農家の希望数量を優先して搾油する。

搾油作業は、在庫状況に応じておこなう。B氏が在庫状況をみてどの製品がいつ、どれだけ必要かをA氏に伝え、欠品や不良在庫がないよう計画する。欠品は収益機会を失うだけでなく取引先の信用を損なうので在庫管理は重要である。瓶詰め担当のC氏は、作業量をみて週3日程度出勤する。

これら3名の菜の舎スタッフを支えるのが公社本体の営業担当であるD氏で、営業と前述した直売所や百貨店の対面販売を主として担当している。営業先では丁寧に商品を説明し見積書を提示する。ナタネ油の商談は納期などの諸条件は話し合うものの価格を下げるよう要求されたことはない。品質を評価した取引先が新たな商談先を紹介してくれることもある。試食販売や営業先では高品質な商品を適正価格で販売している自負があるため、売りやすい商品だと感じている。

5　事業を継続させる仕組み

(1) 販売戦略を支える仕組み

第4節で述べた販売戦略は、指定管理契約で公社の経営自由度と責任が高まったこと、公社の本来業務を行政と農協が支えていることで可能になったと考える。

行政が通常委託する業務契約は業務内容が細かく規定されるが、指定管理契約は施設をどのように管理するかは規定されても業務をどのようにおこなうかは規定されない。施設を利用して収入が増加すれば受託者の収入増となるが、減少しても補塡されない。契約の変更により自由度の高まった公社は、伊賀市の高級商品を作ってブランドイメージを高めたいという「プロダクトアウト」の経営活動を残しつつ、消費者が必要とする良質な商品を適正価格で提供する「マーケットイン」に舵を切ったのである。また、責任の高まりは消費者に商品の価値を直接アピールする販売活動となり、積極的な対面販売やイベント出展は新たな消費者を獲得している。

菜の舎の運営は、専従の3名がナタネ油の製造面、D氏が営業を担っている。公社の本来業務は事務局長をはじめとする事務スタッフが担っている。事務スタッフは菜の舎運営を含めた公社全体の経理や理事会などの組織運営を担当するため、専従3名とD氏は製造と営業に専念できている。この体制は、伊賀市とJAいがふるさとが公社の本来業務を支えることで可能となっている。

(2) 菜の花プロジェクトを支える取り組み

菜の花プロジェクトを支える取り組みを、栽培、収穫・搾油、販売面からみてみよう。

栽培面では伊賀市が中心となって営農が経済的に成り立つよう工夫している。まず、ナタネ種子の無償配布である。毎年夏季に市の広報などで栽培を呼びかけ誰がどの圃場で栽培するかを把握し、面積に応じた種子を購入し公社を通じて9月に配布する。種子経費は10アール当たり約2500円であるが、ナタネを栽培しなければ不作付けであった可能性が高い農地の営農意欲を喚起し地域資源を保全する施策として費用対効果が高いといえる。ナタネを公社が買い取る価格は1キログラム当たり100円で推移している。ただし、伊賀市ではナタネを産地交付金（いわゆる転作補助金）の交付対象作物にしているので交付金（1キログラムあたり50円）が上乗せされる。栽培作業は稲作より簡易で、秋に耕運2回、播種、除草剤・肥料散布各1回、6月に収穫である。播種、除草剤散布に一定の技術を要するが、菜の花プロジェクト開始時期に三重県農業研究所が中心となり試験圃場を設けて実証栽培をおこない標準化されている。

収穫・搾油面では、地域が公社を支えている。ナタネの収穫期間は6月中旬から7月初旬の梅雨の時期であるため、晴れの日が少なく収穫できる日が限られる。汎用コンバインを所有する営農組織は、菜の舎からの連絡を受けて他の集落まで収穫作業に出かけ期間内に作業を終了させている。収穫後はただちに搾油作業にかかる。公社の経営を考えるとナタネ油の在庫が少なくなっているので、公社販売用の搾油作業をおこないたい。ただし、伊賀市では集落営農組織などが集落で栽培した原料のナタネ油を引き取り、地域のイベントで販売したり地産地消したりするため、それらの集落も早期に確保したい。双方の利害が対立するが、どの集落がどの時期に最低限どれだけの量が必要かを話し合い、公社の搾油作業の効率がよくなるように配慮している。11月に大きなイベントを開催する集落はそれまで納期を待つといった例もある。

販売面でもっとも公社を支えるのは、ＪＡいがふるさとである。主力商品となった「やさしい油」を中心に伊賀産ナタネ油をかご盛や贈答用に採用して年間を通じて仕入れる大口取引先[6]となっているほか直売所[7]の試食販売スペースを無償で提供している。第４節で述べた公社の自助努力を評価し、農協の経済事業のなかに公社の事業が継続しやすい形で取り込んでいるのである。

(3) 地域貢献と利益確保のすり合わせ

本章では、関係各主体が支え合い役割を果たしながら菜の花プロジェクトを継続させている様相を紹介し、その要因を考察した。これら支え合いや役割は、耕作放棄地を発生させず水路や農道なども含めた地域資源を保全しよう、さらには地域経済を発展させようとする意識が主体間で共有されることで機能していると考える。支え合う関係のなかにあって、公社は事業効果を地域資源の保全や地域経済の発展という地域貢献につなげなければならない。同時に公社自身が継続的に事業活動をおこなうための利益を確保しなければならない。すなわち両者をバランスよくすり合わせなければならないのである。

最後に事例における「地域貢献と利益確保のすり合わせ」について考えてみたい。前述したように、公社の本来業務は耕作放棄地の発生を未然に防ぐことにあり、行政と農協の支援を得ている。よって公社は本来業務において地域貢献と利益確保をすり合わせる必要がない。

一方、菜の舎の運営は、農家からナタネを買い取る価格、ナタネの収穫時期、搾油作業の順番、ナタネ油の販売（卸）価格などで、公社にとって有利な条件を設定すると農家や販売事業者と利益が相反するため地域貢献と利益確保をすり合わせる必要がある。

ナタネの買取価格は公社にとって多少割高である。やさしい油を例にすると、ナタネの搾油率は約30％なので1本当たりの原料費は小売価格の約26％となる。卸価格比ではさらに原料費比率が高まる。農家の収入は、平均収穫量50キログラムの場合、公社への販売と産地交付金をあわせて10アールあたり7万5000円となる。水稲と比較すると少ないが、作業が簡易で開花時期の農村景観が向上するなどの効用があるため買取価格に不満は出ていない。収穫時期、搾油作業の順番では農家が公社に配慮している。収穫作業は梅雨時期の短期間であるため地域全体で計画的におこなう必要があること、搾油作業は労働集約的であり生産効率が高くないことを農家が理解しているからである。販売価格は、原料費、人件費など経費を勘案して適正な利益が確保できる水準に設定されており、消費者の理解が得られている。

これらから伊賀市菜の花プロジェクトは栽培・加工・販売の各段階で関係各主体がそれぞれ折り合いをつけ、役割を果たすことで継続していることがわかる。

折り合いをつけている公社と農家の関係は、公社の本来業務を行政と農協が支え、その実績が地域全体で評価される段階を経ているからこそ成立していると考える。つまり、行政と農協が公社を支援し遊休農地を発生させないという「地域貢献と利益確保をすり合わせる必要のない段階」で培われた関係性が、より高度で公社と農家が利益のバランスをとりつつ「地域貢献と利益確保をすり合わせて経済発展を目指す段階」への進化を可能にしているのである。

注

（１）菜の花プロジェクトの資源循環については、［藤井２００５］に詳しい。
（２）菜の花プロジェクトネットワークは同ネットワークのウェブサイトを参照されたい。http://www.nanohana.gr.jp/
（３）例えば、事業主体の収支を分析した［古川２０１０］、［古川２０１１］、ナタネ栽培に対する公的支援の影響を分析した［小野・野中、２０１１］を参照されたい。
（４）国産ナタネ油は圧搾法で物理的に搾油するが、日本で販売される外国産原料のナタネ油のほとんどは化学的に抽出する。
（５）これら作業受託収入は菜の舎の運営収入に含まれる。搾油技術が評価され化粧品の試料となる高額な作業を受注することもある。
（６）公社は２０１７年度に「やさしい油」を約７０００本販売したが、ＪＡいがふるさとはそのうち約２０００本を購入している。
（７）名称は「ひぞっこ」、三重県下最大級の農産物直売所で、野菜ソムリエによる親子料理教室など多彩な催事をおこない高品質な商品を求める消費者を集めている。

参考文献

小野洋・野中章久（２０１１）「ナタネ生産の現状と増産に向けた課題」『農業経営研究』49（３）１２１~１２６頁。

小林康志・大原興太郎（２０１４）「地域ぐるみで取り組む特産品づくり——三重県伊賀市菜の花プロジェクトを事例として」小田滋晃・長命洋佑・川﨑訓昭・坂本清彦『躍動する「農企業」——ガバナンスの潮流』昭和堂、１１３~１３０頁。

藤井絢子編著（２００５）『菜の花エコ革命』創森社。

古川尚幸（２０１０）「循環型社会の構築に向けた菜の花プロジェクトの現状と課題——香川県三豊市『三豊菜の花プロジェクト』を事例として」『香川大学経済論叢』第83巻第4号、5~19頁。

古川尚幸（２０１１）「循環型社会の構築に向けた菜の花プロジェクトの現状と課題（２）佐賀県伊万里市『伊万里はちがめプラン』を事例として」『香川大学経済論叢』第83巻第1・2号、５０３~５２３頁。

第10章 野菜サプライチェーンと農企業
――オランダにおけるイノベーション

ビュンテ　フランク
宮部和幸

1　サプライチェーンの変化と農企業

「農業　イノベーション　海外事例」のキーワードを、インターネットで検索すると、「オランダ」は上位に表示される。そして「海外事例」を「オランダ」に置き換え、「農業　イノベーション　オランダ」で画像検索すれば、何棟も連なる軒高の温室施設（greenhouse）に、鈴なりのトマトの画像が表示される。オランダの施設野菜経営体は、日本のそれとは、その構造も規模も大きく異なり、アントレプレナーシップ（企業家精神）を持ちながら、多様なイノベーション（技術革新）を導入する農企業の姿でもある。こうしたオランダの農企業の成立・展開の背景には、農業経営体を取り巻く環境変化、特に2000年以降のサプライチェーンにおけるドラスティックな変化がある。

オランダの野菜のサプライチェーンは、世界で最も成功した経済クラスターの1つとして知られている

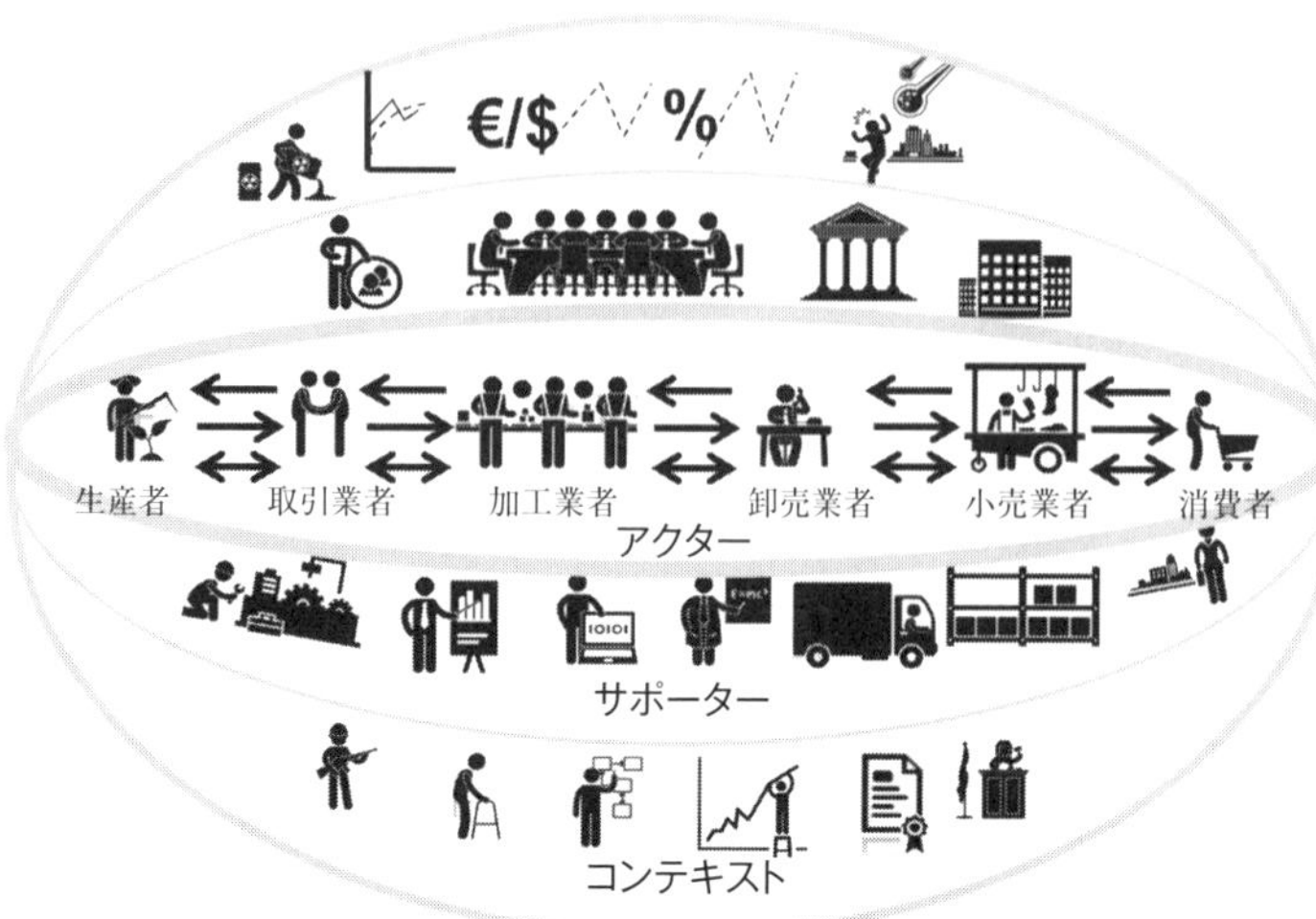

図1　オランダにおける野菜のサプライチェーン
出所：Fontys University of Applied Sciences, IFBMをもとに作成。

[Porter 1990]。この成功は、主にサプライチェーンにおける活動のネットワーク、すなわち、野菜生産を基本として、種苗、温室、生育環境制御、専門の自動機械などの中間投入によるものである。また、生産者の協同・組織化、農業教育、研究および普及サービス、加工、卸売と物流サービス、国際貿易の施設、特にロッテルダム港とアムステルダム・スキポール空港などに関わる多様な主体による連携にある。これらで構成されるオランダのサプライチェーンをイメージ化すれば図1のようになる。それは、野菜が消費者に届くまでの主体（アクター）を中心として、それに関連する様々なサポーターなどで構成される。

　オランダは世界最大の生鮮野菜の輸出国であり、特に野菜の種子や、トマトやピーマンなどの施設野菜品目などの輸出シェアは大きい。しかし、スペインやその他の国々との競争が激化した1990年代から2000年代初めにかけて、オランダの野菜の競争上の地位は低迷していた。その後、特に施設野菜を中心とした種々のイノベーションの進展によって、オランダの地位は回復してきている。

本章では、オランダにおける野菜のサプライチェーンの変化、なかでもイノベーションに関連する種苗と施設野菜経営体、大きな変化がみられた生産者組織、さらに、これらを後押しする政策について着目する。そして、農企業が成立・展開する環境とはどのようなものなのか、サプライチェーンの変化とイノベーションの進展から検討を加えたい。

2 種苗と施設野菜経営体

(1) 種苗産業の拡大と集中

オランダの野菜種子は世界輸出の25%を占め、野菜の種子や植物の世界貿易において重要な役割を果たしている。世界市場は、モンサント(アメリカ)、シンジェンタ(スイス)、ヴィルモリン(フランス)、バイエル(ドイツ)、タキイ(日本)のトップ5の種苗企業で65%を占めているが[SEO 2013]、これらの企業はいずれもオランダにも拠点を置いている。またオランダの種苗企業Rijk Zwaan(ライク・ズワーン)、Bej(ベジョー)、Enza(エンザ)の3社はトップ5に続く規模を誇り、世界のトップ10にランクされている。

オランダにおける種苗産業では、特定化した品目、具体的にはジャガイモとトマトおよびピーマンにおいてかなりの市場集中度がみられる。ジャガイモの場合、オランダ種苗企業であるAgrico(アグリコ)とHZPCの2社は、国内市場で52%のシェアを持ち、特許を取得した品種では77%のシェアを占めている。同様にトマトおよびピーマンにおいても高い市場集中度がみられる。

このようにオランダにおいて野菜種子の市場集中度は総じて高く、それは、研究開発、グローバリゼーション、IPR（Intellectual Property Right：知的財産権）保護における規模の経済とシナジー効果に依拠している［SEO 2013］。これまでのところ種苗産業における集中化は、価格やイノベーションに悪影響を及ぼしておらず、種子価格は投入価格よりも急速に上昇していない。種苗企業の研究開発は依然として積極的な状態にある。

種苗をめぐる注目すべき変化は、日本の播種セクターが縮小しているのとは異なり、オランダでは拡大していることである。野菜の種子や植物を栽培している事業体は350あり、200の施設（温室）と150の露地である。2000年が550（施設350、露地200）であるから、事業体数は減少しているものの、採種面積は、施設では2000年300ヘクタールから2017年500ヘクタールに、露地では2000年470ヘクタールから2014年1130ヘクタールにそれぞれ大幅に増加している。そのため、一事業体あたりの規模は施設2・5ヘクタール、露地7・5ヘクタールとなり、2000年に比べてほぼ3倍も拡大してきている。こうした2000年以降のオランダにおける種苗セクターの拡大と、特定品目における集中化は注目される。

（2）規模拡大をする施設野菜経営体

いくつかの野菜、特に果実的野菜は温室施設で栽培されている。トマト、キュウリ、ピーマン、ナスなどは施設野菜の主要品目である。図2は、作目別の経営体数の推移を示したものである。2000年からすべての作目で経営体数は減少してきているが、なかでも施設野菜のその減少スピードは速い。しかし、2000年以降の栽培面積の推移では、耕種と果樹が減少するなかで、露地と施設ともに野菜は増加している。

その結果、図3でみるように一経営体あたりの面積は施設野菜で大幅に拡大している。施設野菜の一経営体あたりの栽培面積は2000年1・2ヘクタールから2017年4・0ヘクタールに拡大し、経営体の規模拡大は進行してきてい

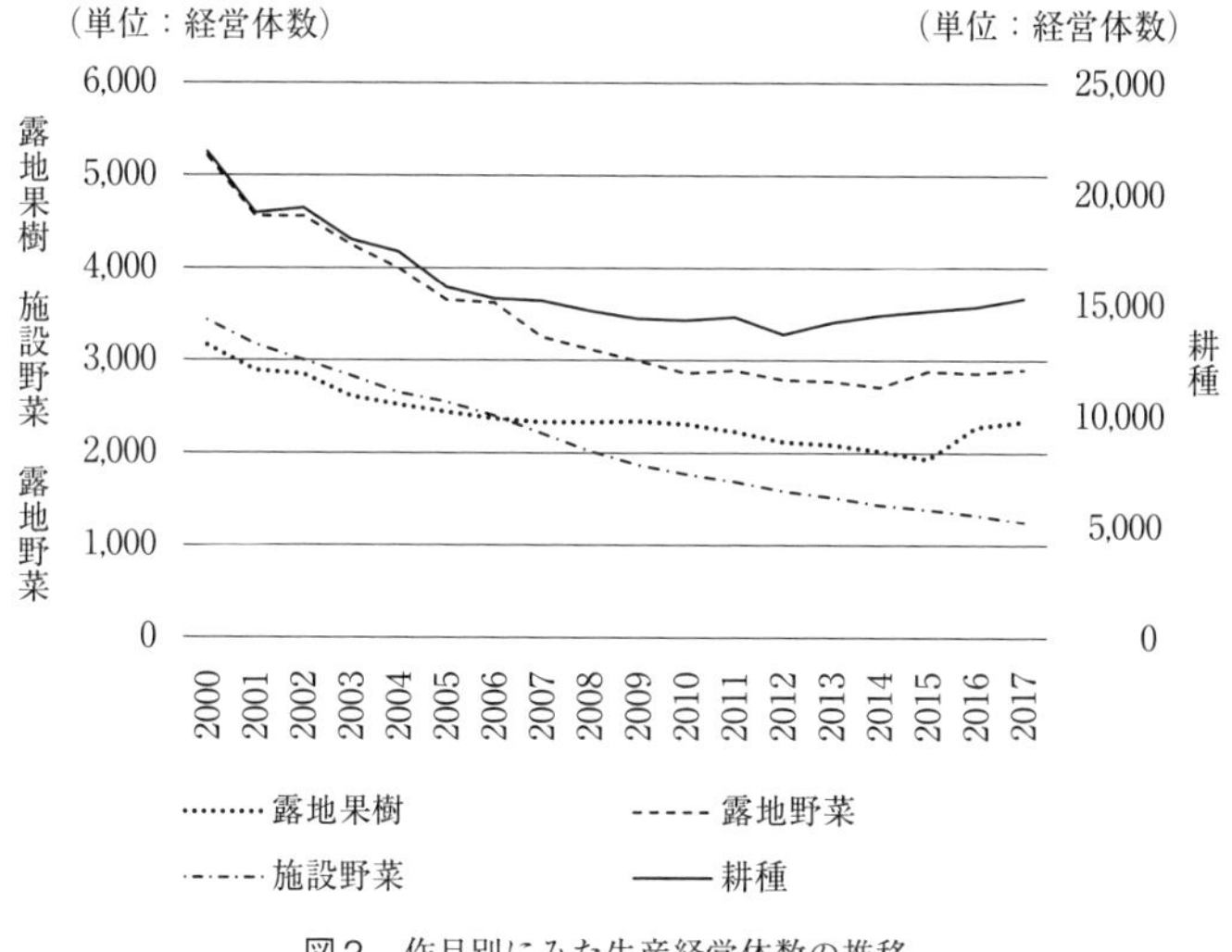

図２　作目別にみた生産経営体数の推移
出所：Statistics Netherlands をもとに作成。

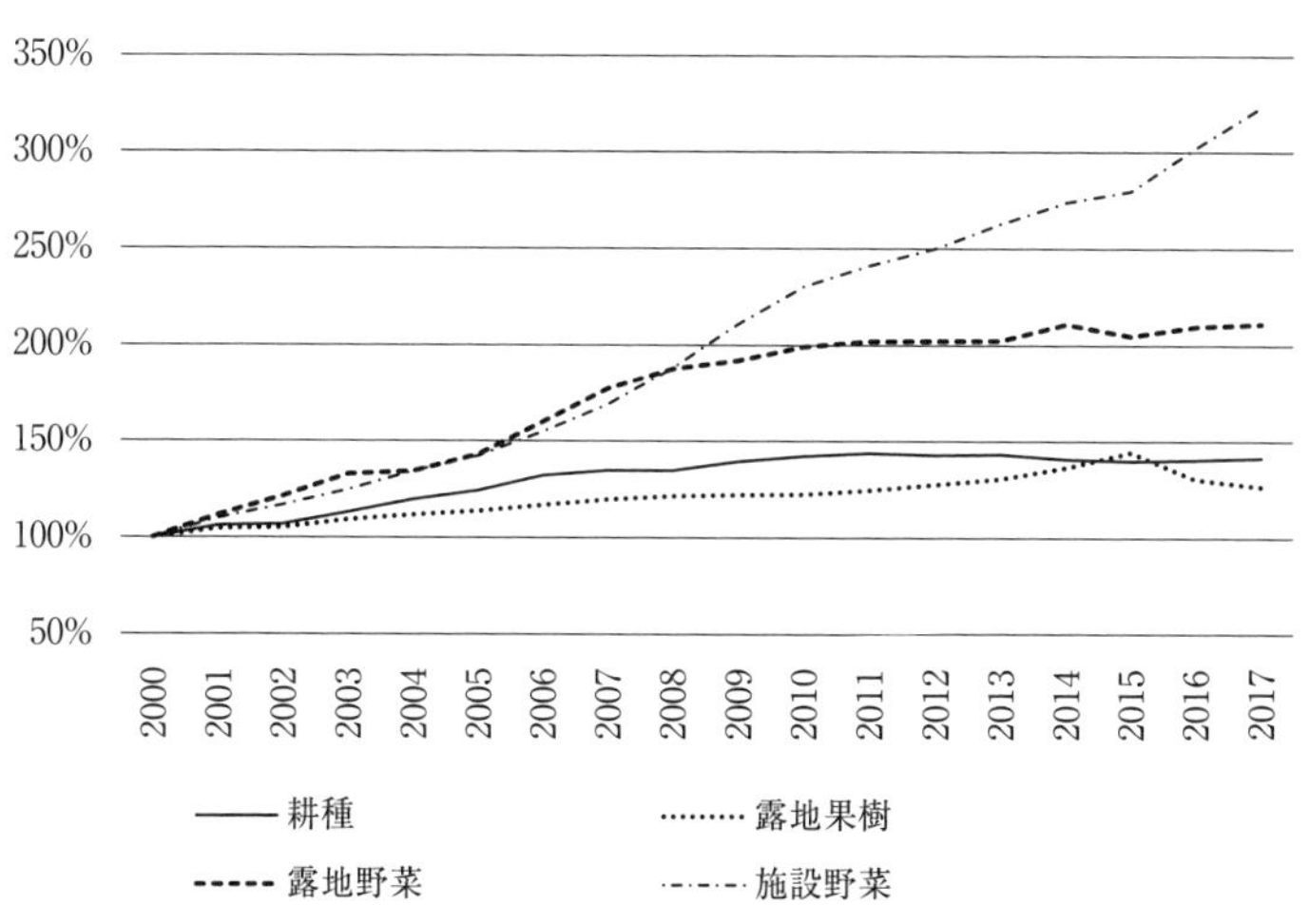

図３　作目別にみた一生産経営体あたりの栽培面積の変化（2000 年＝100）
出所：Statistics Netherlands をもとに作成。

る。特に、輸出を前提としたオランダの生鮮野菜は、ＥＵ圏内はもとより、アフリカ等をはじめとする国際間でのコスト・品質競争が激化し、経営体の規模拡大はそれへの対応でもあるといえる［宮部２０１１］。また品目別でみれば、トマト（１７３０ヘクタール）、スイートピーマン（１３００ヘクタール）の栽培面積が拡大し、それぞれ２０００年に比べてトマトは53・１％増、スイートピーマンは13％増となっている。それらの品種も大幅に増えてきており、品質競争力のある特定の品目において規模拡大と品種開発の進展がみられる。

3　変貌する生産者組織

サプライチェーンは品目ごとに異なる。ジャガイモとタマネギには、専門サプライチェーンがある。その他の品目については、サプライチェーンの定義があまり明確ではないが、多くの品目を取り扱う協同販売組合がある。

１９９０年代半ばまで、野菜や果物のサプライチェーンには明確なセクターがあった。生産者は生鮮青果物を彼らの販売協同組合であるセリに供給し、卸売業者および物流サービス業者は、セリ（オークション）で毎日購入していた。しかし、現在は、この協同販売組合以外にも、多数の生産者組織が存在し、また生産者の多くは卸売業者などに直接農産物を販売している。したがって、セリは、過剰供給を取り除くか、あるいは過剰需要を満たすための緩衝的な役割にとどまり、オランダの野菜流通に大きな役割を果たしていない。

キュウリ、スイートピーマン、トマトのほとんどの生産者は、何らかの生産者組織に属している。生産者組織はＥＵの補助金によって促進されている。２０００年以降、新しい生産者組織が誕生し、合併または分割され、解散してきた。通常、生産者は生産者組織との一年契約であり、生産者の組織への参入退出は原則自由である。

たとえば、キュウリの最大の生産者組織は、Kompany（コンパニー）、Van Nature（ヴァン・ネーチャ）、Coforta（コフォルタ）、DOOR（ドアー）である。より多くの品種があるピーマンとトマトは、品種ごとに生産者組織が創設されるので、その組織数は増えている。スイートピーマンについては少なくとも8つの生産者組織があり、最大規模の4組織は、2014年に市場シェア78％を達成している。

輸出を基本とした生鮮野菜は、セリ場で買い手の評価に結果を託す方式から、マーケティング戦略を積極的に展開する方式へと移行した。品目・品種ごとの生産者組織は、ヨーロッパ諸国における食品小売チェーン（スーパーマーケット）の台頭への対応としての新しい販売組織づくりであるといえる。1990年代以降、スーパーマーケットの市場占有率が高まるとともに、商品差別化戦略、PBブランド化を展開してきた。スーパーマーケットも、汎用的なものではなく、より個別的で自らの固有ブランドに適合するものを求めるようになった［宮部2016］。

表1は、野菜と切り花生産での売上総利益率に関す

表1　野菜と切り花生産における売上総利益率に関する二段階最小二乗法

	野　菜	切り花
サンプル数	28	22
経営年数	NS	NS
経営規模	+	−−
企業者の数	−−−	NS
企業者の年齢	NS	++
協同組合組織	NS	NS
新しい生産者組織	++	NS
オークション・セリ	NA	+++
技術効率性	−	−−−

注：NS：統計的に有意でない、NA：推定に用いていない、
正で有意水準10％で統計的に有意：+、同5％：++、同1％：+++、負で有意水準10％で統計的に有意：−、同5％：−−、同1％：−−−。

出所：アンケート調査 Cees Veerman（PhD, Wageningen UR）.
集計分析 Veerman, Van Kooten and Bunte（2016）.

る調査結果である。野菜の経営規模の拡大は、切り花とは対照的に、総利益にプラスの影響を与えている。同質な野菜の品種の生産は大規模化が進むが、差別化は切り花の生産においてより重要である。また、伝統的な販売協同組合が生産者の収入に価値を付加しないことを示している。新しい生産者組織は、生産者の総利益にプラスの影響を与えていることが注目される。

4　地域を特定したオランダの政策

サプライチェーンは大きな課題に直面している。オランダの首都圏では交通渋滞が増えており、リードタイムが増加する可能性が高まっている。温室施設には、多くの高価な化石燃料が必要である。これは、コストを管理し、気候政策の要求を満たすために、エネルギー政策が個別経営体だけでなく政府レベルでも必要であることを意味している。温室施設生産は、夜間に光汚染を引き起こし、生産地域での水氾濫のリスクを増加させる。農薬の使用は水質の品質を脅かすため、EU水政策指令の要件を満たすことはますますコストが高くなってきている。

オランダ政府の政策は、生産、貿易、消費を促進する役割を果たしている。国レベルでは、政府はグリーンポートの構築、イノベーション・アジェンダ（イノベーションの目的・課題など）、エネルギー・気候政策に焦点をあてている。

オランダ政府は、サプライチェーン内での知識と連携の促進を図る、いわゆる「グリーンポート」(Greenports)というクラスター(集積)を6つの地域において進めている(図4)。クラスター化は、マイケル・ポーター[Porter

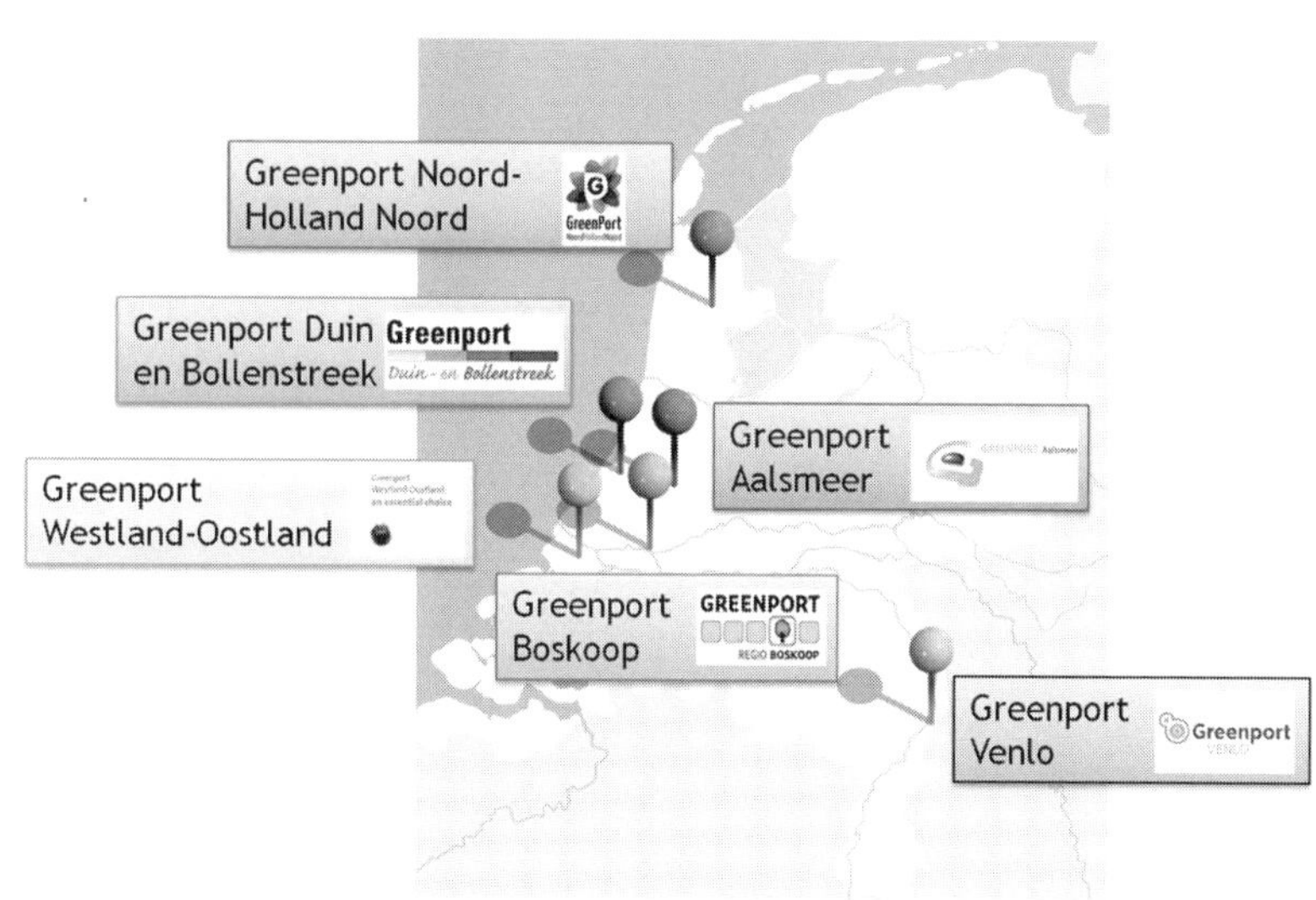

図４　オランダのグリーンポート
出所：https://greenportholland.com/zes-greenports

1990〕によって示されたネットワーク利益を生み出すとの考えに立ち、環境（光汚染、洪水リスク、省エネルギー）と物流（道路、ハブ、渋滞）に関連する地域計画問題解決の可能性を高めるとされる。グリーンポートのトップは市長などが担い、生産、研究・開発、加工・販売、金融などの組織・機関が地域に集積している。

ただし、こうして地域を特定化することは別の問題も孕んでいる。オランダでは、温室施設を設置する地域は政府によって特別に指定されている。施設内では野菜などの生産以外の活動に取り組むことができず、その代わりに他の活動に指定された地域には温室が設置できないことを意味している。これは施設野菜生産の拡大を抑制しており、現在、地価の急激な低下をもたらしている。

オランダのイノベーション政策は、園芸と育種を含む主要な特定分野に向けられ、生産の効率性、食品の安全性と食料安全保障、健康と価値創造に焦点を当てている。具体的なイノベーション・プログラムは、エネルギー、二酸化炭素（CO_2）、国際化、環境、ロジスティクス、ＩＣＴ、消費者の需要、植物検疫問題、水質などの対応の強化を目的としており、イノベーション・アジェンダは、人材の不足に対処するための人的資本アジェンダで補われている。

施設園芸はCO_2の排出源である。政府は１９９０年代以降、エネルギーとCO_2削減政策に関わってきた。これらの政策には、モニタリング、補助金および税還付、パイロット・プロジェクト、研究および普及サービスが含まれる［Rekenkamer 2003］。オランダの施設温室でのCO_2排出量は２０１５年に５７００万トンに相当している。これは２０２０年に合意された６２００万トンを下回っているが、温室施設地域の減少と送電網への電力供給の減少によるものである［Van der Velden and Smit 2016］。

２０２０年以降、いわゆる、CO_2濃度に影響を与えない閉鎖型温室としてのニュートラル・エネルギー温室の整備を推進している。地熱や太陽光などの持続可能なエネルギーによって、生産に必要なエネルギーを消費していく方向で、直面する大きな課題は、閉鎖型温室のコンセプトを栽培条件に調和させることである。

ＥＵ水政策指令は、野菜生産に大きな影響を与えている。この指令の枠組みの中で、オランダ政府は、２０１８年1月までに水を排出する前に排出水中の農薬の量を95％削減することを求めてきた。しかし、そのためには必要な投資と資金調達の困難性が指摘されている。

5　イノベーションと農企業の成立・展開

以上をふまえ、オランダの野菜サプライチェーンの変化を指摘すれば、第1に、厳しい市場競争下での規模の経済を前提とした大規模化があげられる。特に、施設野菜経営体にとっては、これまで以上にコスト低減、規模拡大が要請され、２０００年以降、急速に大規模化が進展した。第2に、種苗にみるような産業集中化、オランダ政府が進めるグリーンポートのような地域的な集中化、そして第3に、主要品目・品種の特定化・専門化や、品目・品種の専門性を重視した生産者組織の組織化である。すなわち、２０００年からのオランダの野菜サプライチェーンの変化において、「規模拡大」、「集中化」、「専門化」という3つの並進性を指摘することができる。しかも、この並進性は、単にサプライチェーンの変化を意味しているだけでなく、品種改良、生育環境制御技術などの種々のイノベーション（技術革新）とも大きく関連している。

一般に、技術革新は、生育環境制御技術としての施設化・装置化などの工学的技術革新と、品種改良、採種・栽培技術などの生物・化学的技術革新（ＢＣ技術革新）の2つに大別される［稲本１９９８］。前者の工学的技術革新の進展は、生産過程における規模の経済に大きく作用し、規模の拡大をもたらす［稲本１９９８］。オランダの多くの施設野菜経営体には、作業の自動化・機械化、電力生産などの多様な新技術の導入がみられる。先述したように、平均施設栽培面積は4ヘクタールであるが、40ヘクタール規模を有する経営体も少なくなく、なかには１００ヘクタール規模の経営体も存在している。

このように、工学的技術革新の進展は規模拡大と密接な関係にあるが、それは同時に、品目・品種の専門化、地域的な集中化とも密接な関わりをもつといえる。加えて、集中化、専門化は、生物・化学的技術革新を抜きにしては存在しえない。なぜなら、それは品種、機械・施設、流通、情報、エネルギーなどの各分野での総合的な研究開発によって可能となるからである。

こうしたオランダのサプライチェーンの変化とイノベーションの進展を踏まえれば、農企業の成立・展開に関して、次の2点を強調することができる。

第1は、農企業が種々のイノベーションの導入を図るための規模拡大をもたらすということである。特に、

２０００年以降に進んだ施設野菜経営体の規模拡大は、コスト競争力の強化のためだけでなく、むしろ、品質競争力を高めるための種々のイノベーションの導入のためでもあるといえる。

たとえば、施設トマトの農企業の場合、単純な消耗戦の価格競争力を避けるため、彼らは、種苗業者などと連携して、新たな品種を開発・導入し、品種（品質）ごとに、彼らがマーケティング志向を持った生産者組織を形成する。それは、ヨーロッパにおいて、寡占化が進む食品小売チェーンへの量的対応であるだけでなく、スーパーチェーンおのおのの求める商品差別化への質的対応でもある。こうしたオランダ国内での農企業が進める規模拡大は、品質競争力を高めるためのイノベーションの導入であり、単なる価格、コスト競争力ではないことに注目しなければならない。

第2は、農企業は、地域における多様な関係主体が連携していく過程のなかで成立・展開してきているということである。新技術を導入する施設野菜経営体など、農企業の生産現場では、試験研究機関、種苗や資材企業などが連携して、効果的で低コストの新しい技術を模索し、導入を図ってきている。すなわち、地域において企業や研究機関、他の農企業などと相互に作用し合うことで、彼らのアントレプレナーシップを高めながら、多様なイノベーションを導入しているのが農企業の姿（カタチ）なのである。

参考文献

［1］稲本志良（１９９８）「農業生産・経営の革新の方向と課題――園芸経営・産地の発展を中心に」堀田忠夫編著『国際競争下の農業・農村革新――経営・流通・環境』農林統計協会、9～27頁。

［2］宮部和幸（２０１１）「１９９０年代以降のオランダ園芸農業構造の変化と特質」『食品経済研究』第39号、3～17頁。

[3] 宮部和幸（2016）「オランダにおける野菜流通システムの変化――産地マーケティングを中心として」『食品経済研究』第44号、4～16頁。
[4] Porter, M. (1990), *The Competitive Advantage of Nations*, New York: Free Press.
[5] SEO (2013), *Concurrentie in de kiem; Mededinging in de Nederlandse veredelingssector*, Amsterdam: SEO Economisch Onderzoek.
[6] Algemene Rekenkamer (2003), *Effectiviteit energiebesparingsbeleid in de glastuinbouw*, The Hague: Algemene Rekenkamer.
[7] Van der Velden, N. and Smit, P. (2016), *Energiemonitor van de Nederlandse glastuinbouw*, WER, 2016-099.

第11章　地域間比較から見る主食のムーブメント
――変革迫られる農業経営

戸川律子

1　「合理的栄養的な国民食」を求めて

アメリカの余剰生産物である小麦粉が、戦後日本の食糧政策によって日本国民の輸入食糧の一つに選択された。しかし、その小麦粉を継続的に消費するためには、小麦粉食（以下、粉食）の定着と習慣的な消費が必要となる。アメリカ農務省はアメリカ市場開拓事業の推進を目的に日本政府と契約を交わした。それは日本政府が今後の小麦の定期的な輸入を契機として小麦を日本人の主要食糧として定着させることを視野に入れていたからである。「食糧増産並びに国民食生活改善に関する決議案」（1953年）によれば、粉食定着の目的の一つは「合理的栄養的な国民食」を確立させ、米に偏った日本人の栄養バランスの悪さを改善することであった。(1) 粉食普及運動は、厚生省（現・厚生労働省）の日本食生活協会の「キッチンカー」によって、1956～1961年までの5年間続けられた。当時の栄養士たちは栄養改善の目標であった蛋白質と油脂摂取の増加、そして米の消費量の低下を目指して、「米は塩を運ぶ車、パンは油を運ぶ車」を合言葉に粉食普及運動を勧め、米飯よりもパン食を奨励した。[2] また農林省（現・農林水産省）の食生活改善協会は1956年から2年間、全国でパン職人養成講座を開催し、製パン技術の普及をおこなった。日本のパンメーカーは技術的な指導力が低いという問題を持っていたため、この講座は、アメリカ人のパン職人の直接指導によるアメリカ式の製パン技術を習得するために開催されたものであった。そして、日本の麺市場においても、1958年から2年間、アメリカ市場開拓事業との協賛による拡大キャンペーンが都市のデパートを中心におこなわれた。しかし他方では、1955年の米の大豊作を契機として日本人の米の消費量が1962年まで増え続け、それ以降は消費の傾向的変化の弱化を示すために1962年が米消費の「成熟」段階、いわゆるメルクマールとされている。[3]

2 生産者世帯と消費者世帯の米消費の「成熟」段階

食糧需給表によれば、1962年度の年間118・3キログラム／1人をピークとして、日本人の米の消費量は減り続けている。ところが、生産者世帯、消費者世帯、全国世帯平均のそれぞれの米の消費量／1人を国民栄養調査のデータから分析してみると、生産者世帯の米の消費量の推移は、消費者世帯、全国世帯平均と全く異なる構造を示した。

図1を見ると、消費者世帯と全国世帯平均はすでに1959年から1961年の間に米の消費量が減少傾向にあったことがわかる。そして、生産者世帯の米の消費量は1965年まで一貫して上昇を続けて推移している。つまり実際は、すべての世帯の米の消費量が1962年をピークとして減少していくのではなく、生産者

世帯は1965年に約148・7キログラム／年間（1日407・4キログラム）をピークとして、米消費の「成熟」段階を迎えていたのである。

そこで本章では、分析対象として粉食普及運動の影響を受けやすい状況にあった大都市の消費者世帯に焦点を当てる。そして、東京、横浜、名古屋、京都、大阪、神戸の6つの都市を選択し、それらを比較検討することによって、地域間の異なる食習慣が主食の変化に影響を与えるのかを明らかにする。そのため、期間は1955年から大量流通体制が進行する以前の1962年までの7年間とする。なお、平均値を参考にするために、全都市平均をそこに加えることとする。

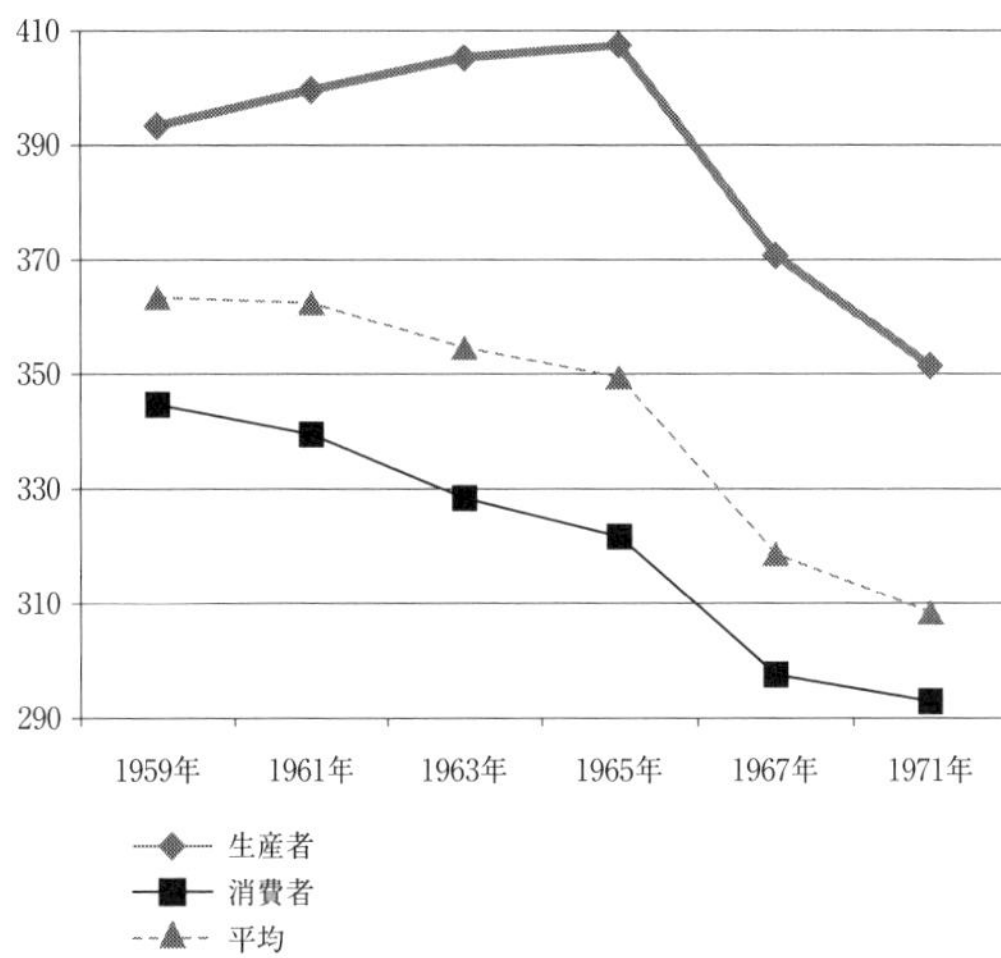

図1　米の消費量推移

注　：単位は1人当g/日。

出所：「国民栄養調査」各年版より作成。

分析方法は、総務省「家計調査」（1955～1962年）を用い、（1）米（麦・雑穀含む）、（2）麺類、（3）パン、の3つを主食的穀物として捉え[4]、それらの消費量と推移を「全世帯品目分類別」のデータから分析する。ただし、1955年からの分析としながらもグラフ上は1954年のデータから示している。その理由は、1953年と1954年が米の凶作年であり、翌年の1955年が米の豊作年であったため、その影響が地域によって、1955年に出るのか、1956年に出るのか、その違いを把握するためである。

3　６大都市における主食消費の変化

(1) 米と麦・雑穀の消費

図２は１９５４〜１９６２年までの１年間の米消費量／１人の推移を表したものである。東京は１９５５年より１９５６年に米の消費量がやや増加し、１９５６年が１９５５〜１９６２年のなかで最も多い消費量を示す。しかし90キログラムには及ばず、すべての都市の中で最も消費量が少ない。そしてその翌年には減少を示し１９６１年以降には80キログラムを切った。横浜は１９５６年に東京より高い消費量93キログラムを示すが、それ以降は85〜95キログラムの間で増減を繰り返す。そして、１９６２年で大きく減少し80キログラムを切った。神戸は１９５６年には全都市平均よりも若干高い１００キログラムの数値を示すほどの消費量だったが、それ以降は90キログラム台の消費量で緩やかに減少し、１９６１年には80キログラム台の消費量になった。

一方、大阪は１９５６年に最も多い消費量１０８キログラムを示す。名古屋と京都は１９５６年ではなく、翌年の１９５７年に名古屋は１００キログラム、京都は１０８キログラムという最も多い消費量を示した。特に京都は１９５６年以降、常に１００〜１１０キログラムで推移し、米の消費量は全都市の中で最も高い数値を維持している。

図３は、麦・雑穀の１年間の消費量／１人の推移を表したもので、すべての都市が麦・雑穀を米に混炊して食べていたことがわかる。すでに述べたが、１９５３年と１９５４年は米の凶作年で米の供給量は不足していた。そのため、１９５４年と１９５５年の麦・雑穀の消費量が最も多くなっている。だが１９５６年以降、米の供給が充足すると同時に、すべての都市で麦・雑穀の消費量は減少し続けた。つまり、麦・雑穀は米が不足

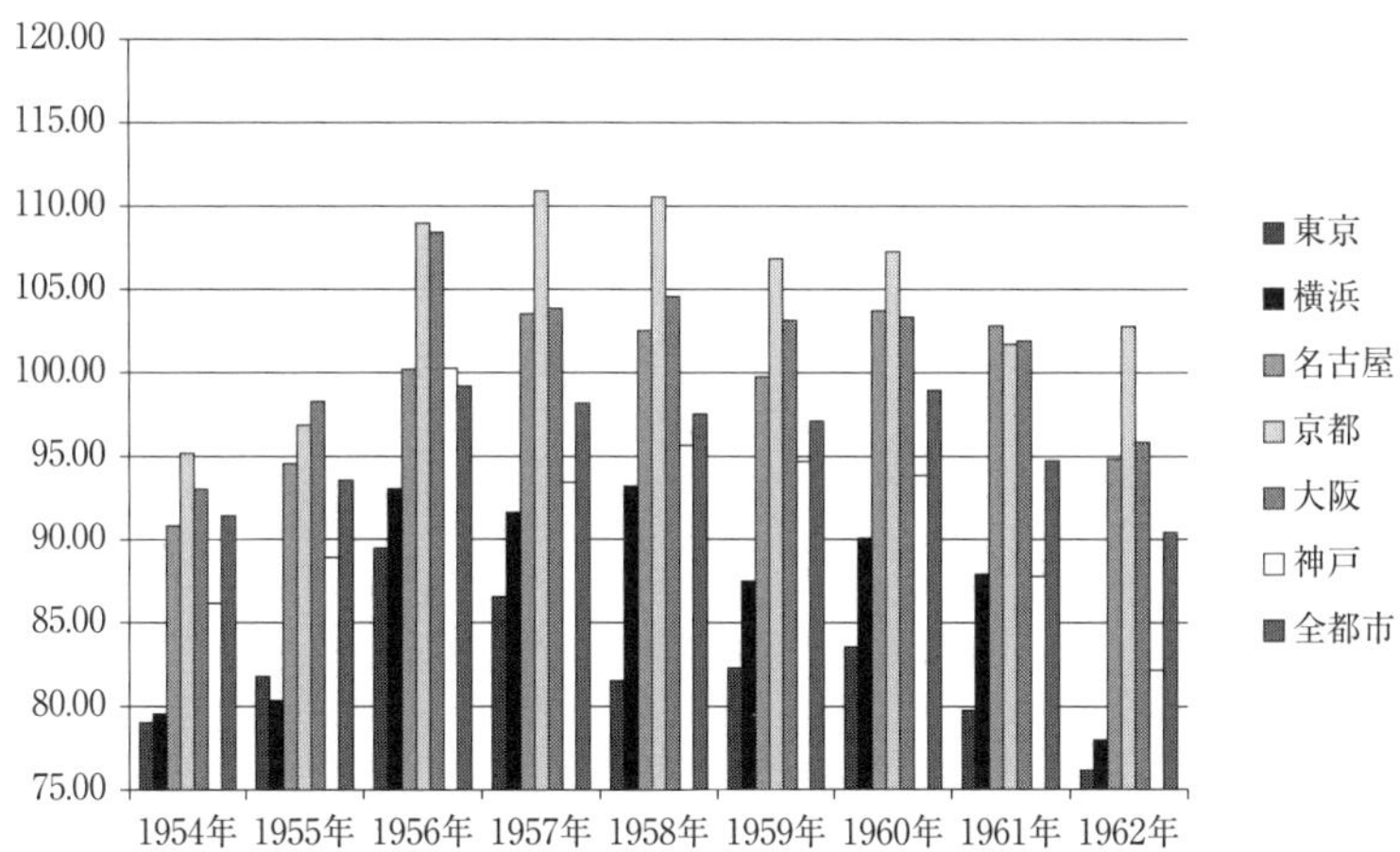

図2　主要都市と全都市平均の米の消費量推移

注　：単位は1人当 kg/ 年。内地米、外米、もち米、その他の米（屑米、砕米等）を合計し1人当たりの消費量に換算。

出所：総務省「家計調査」より作成。

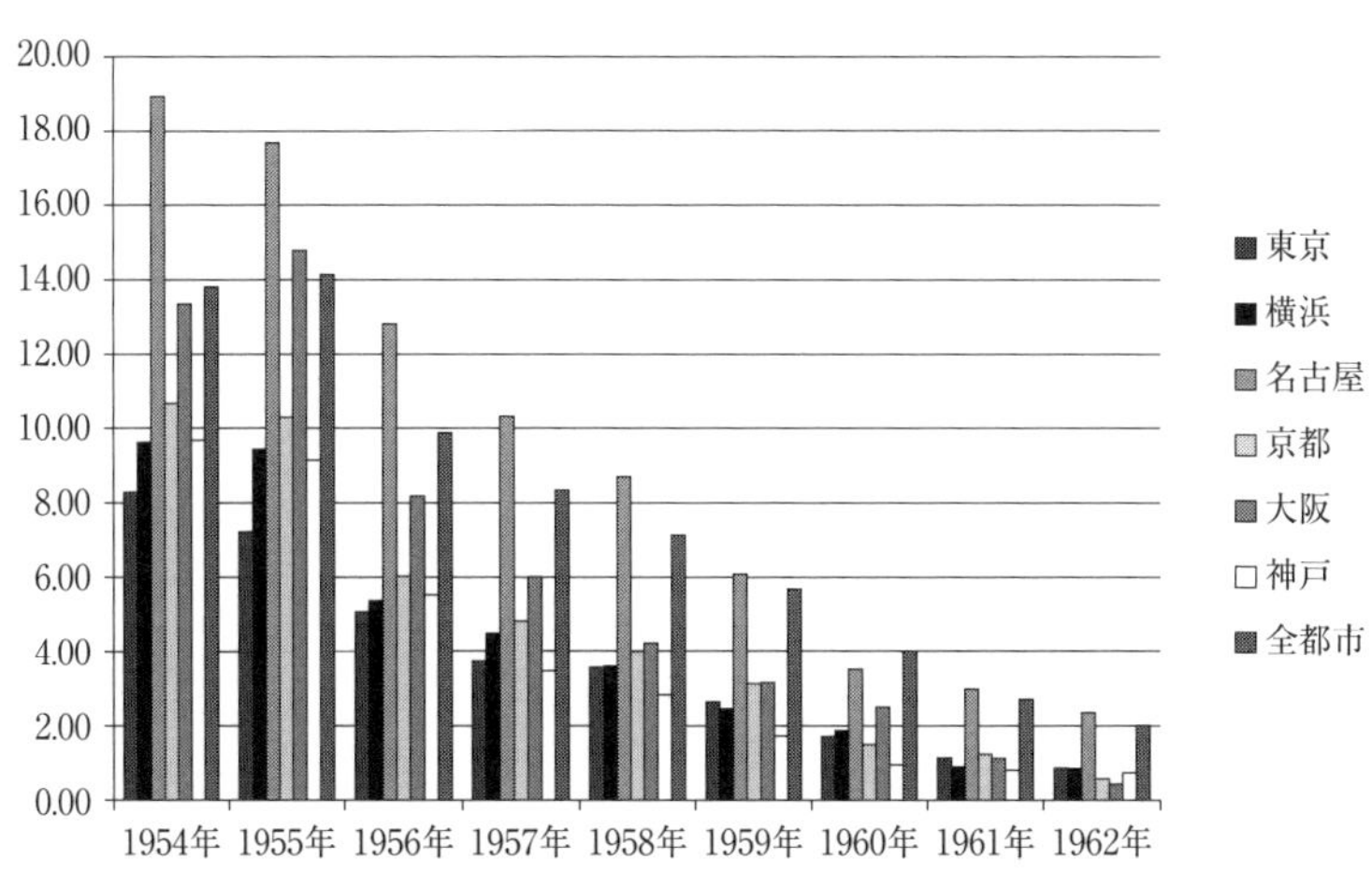

図3　主要都市と全都市平均の麦・雑穀の消費量推移

注　：単位は1人当 kg/ 年。押麦、その他の麦、雑穀は粟、稗等。匁は kg に換算して表示し1人当たりの消費量に換算。

出所：総務省「家計調査」より作成。

した時に混炊する「代用食」であり、米の供給が充足されるとともに消費量は減少していくと考えられる。
米の消費が少ない東京、横浜、神戸の3都市を比較すると、東京が麦・雑穀の消費量が最も少なく、1955年にすでに7・2キログラムでしかなかったが、1957年以降は神戸が最も少なくなった。
米の消費量が多い名古屋、京都、大阪の3都市を比較すると、京都は麦・雑穀の消費量が10・8キログラムと最も少ない。大阪は1955年には約14・6キログラムの消費量であったが、米の豊作後の1956年には8．8キログラムに減少し、1959年にはもともと消費が少なかった京都とほぼ同量になり、3キログラム程度の消費量になった。ところが名古屋はそれらとは反対に、麦・雑穀の消費量が17キログラムで最も多い。また全都市平均も名古屋に次いで麦・雑穀の消費量が多い。1962年にはすべての6都市が消費量1キログラムを切ったが、名古屋と全都市平均は1962年の時点においてもまだ年間2キログラムの消費量があった。つまり、多くの都市で米に麦・雑穀を混炊して食べる習慣が残っていたのである。

次に図4は米と麦・雑穀を合わせた1年間の消費量／1人を表したものである。麦・雑穀はそれのみを食べるのではなく、米に混炊して食べるため、米と麦・雑穀を合わせたものが粒食としての主食の消費量となっている。東京は1962年に77キログラム、横浜は79キログラムとなり、両都市が80キログラムを切った。神戸は麦・雑穀の消費量では東京、横浜との大きな違いはないが、米の消費量のみであれば東京、横浜よりも多いため、粒食消費の少ない3都市のなかでは最も米の消費量が多い都市といえる。

一方、名古屋、京都、大阪の粒食消費量は1954～1961年までは常に100キログラムを超え、全都市平均よりも消費量が多い。1962年には、名古屋と大阪は少し落ち込みを見せ100キログラムを切るが、京都は103キログラムで消費量を維持している。

図5は主食的穀物の消費に占める米以外の穀類（麦・雑穀）の比率の推移を表したものである。麦・雑穀の

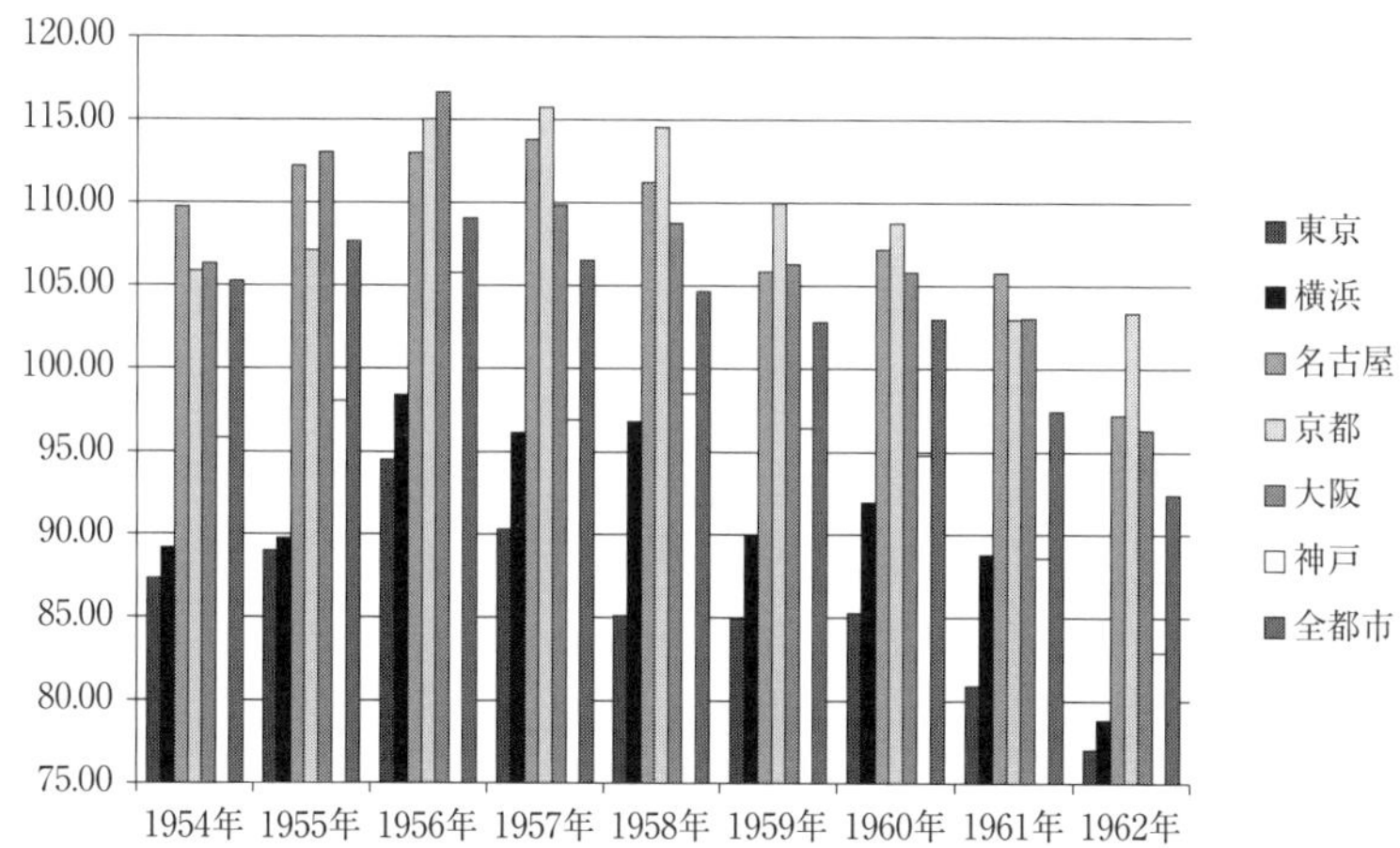

図4　主要都市と全都市平均の穀物（米と麦・雑穀）消費量の推移

注　：単位は１人当 kg/ 年。匁は kg に換算して、１人当たりの消費量に換算。

出所：総務省「家計調査」より作成。

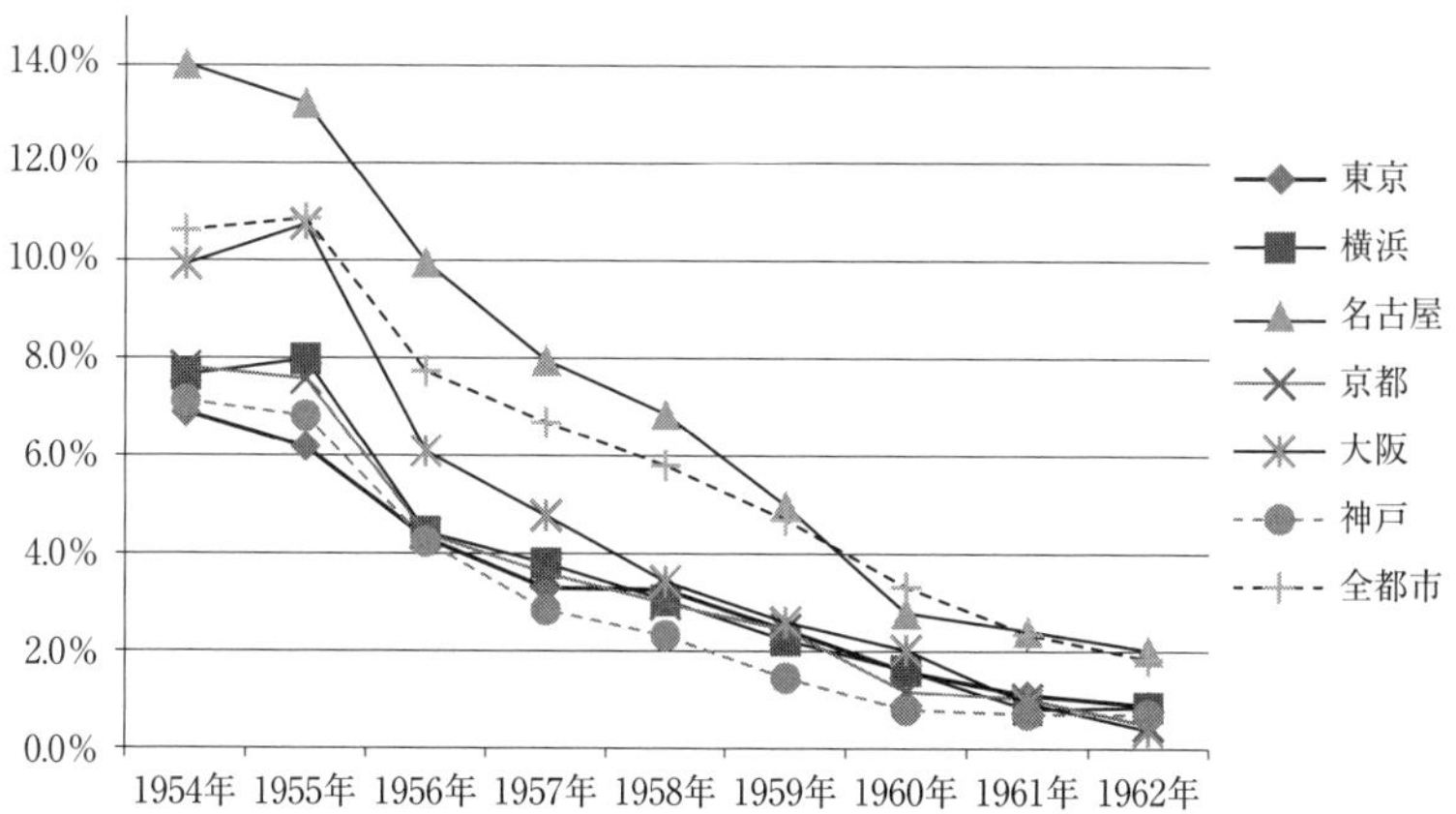

図５　主食的穀物消費に占める麦・雑穀の消費割合の推移

出所：総務省「家計調査」より作成。

消費比率はすべての都市で1955年にピーク値となり、その後減少していく。京都は粒食消費が多い都市であるにもかかわらず、麦・雑穀の割合については粒食消費の少ない東京、横浜、神戸とほぼ同様のカーブを描く。大阪はピーク時が10・7％で名古屋の次に高い数値であった。しかし、その翌年には急降下し1958年以降は粒食消費の少ない3都市と同じ消費比率となる。名古屋は14％がピーク値で1956年に大きく落ち込み、その後緩やかに低下する。そして再度1960年に大きく落ち込み、1962年には2％のシェアになった。

以上のことから、京都は最も米の消費量が多く米飯中心の粒食が主食、名古屋は麦・雑穀の消費が多く、混炊の粒食が主食という食習慣だったと考えられる。

（2）麺類の消費

次に麺類の消費について見てみよう。図6は麺類の1年間の消費量／1人を表したものである。麺類の消費量がすべての都市で最も多いのは、米の豊作以前の1954年と1955年である。麺類も麦・雑穀と同様に、米の豊作後、つまり1956年以降は減少していく。そのため、麺類も麦・雑穀と同様に米不足時の「代用食」として利用されていたことがわかる。麺類と麦・雑穀との相違点は、麦・雑穀の消費量が年々減少の一途をたどるのに対し、麺類の消費量は1955年以降暫時減少傾向ではあったが、1960年以降にすべての都市においてやや消費量が好転することである。

粒食消費量の少ない神戸は米の豊作前に麺類の最も高い消費量を示したが、年々減少し、1959年にはすべての都市の中で最も少ない麺類の消費量となった。京都は1958年まで他の都市と比較しても麺類の消費量は多い。その要因として、米の豊作後、京都の米の消費量が最も多かった年は1957年であった。そのこ

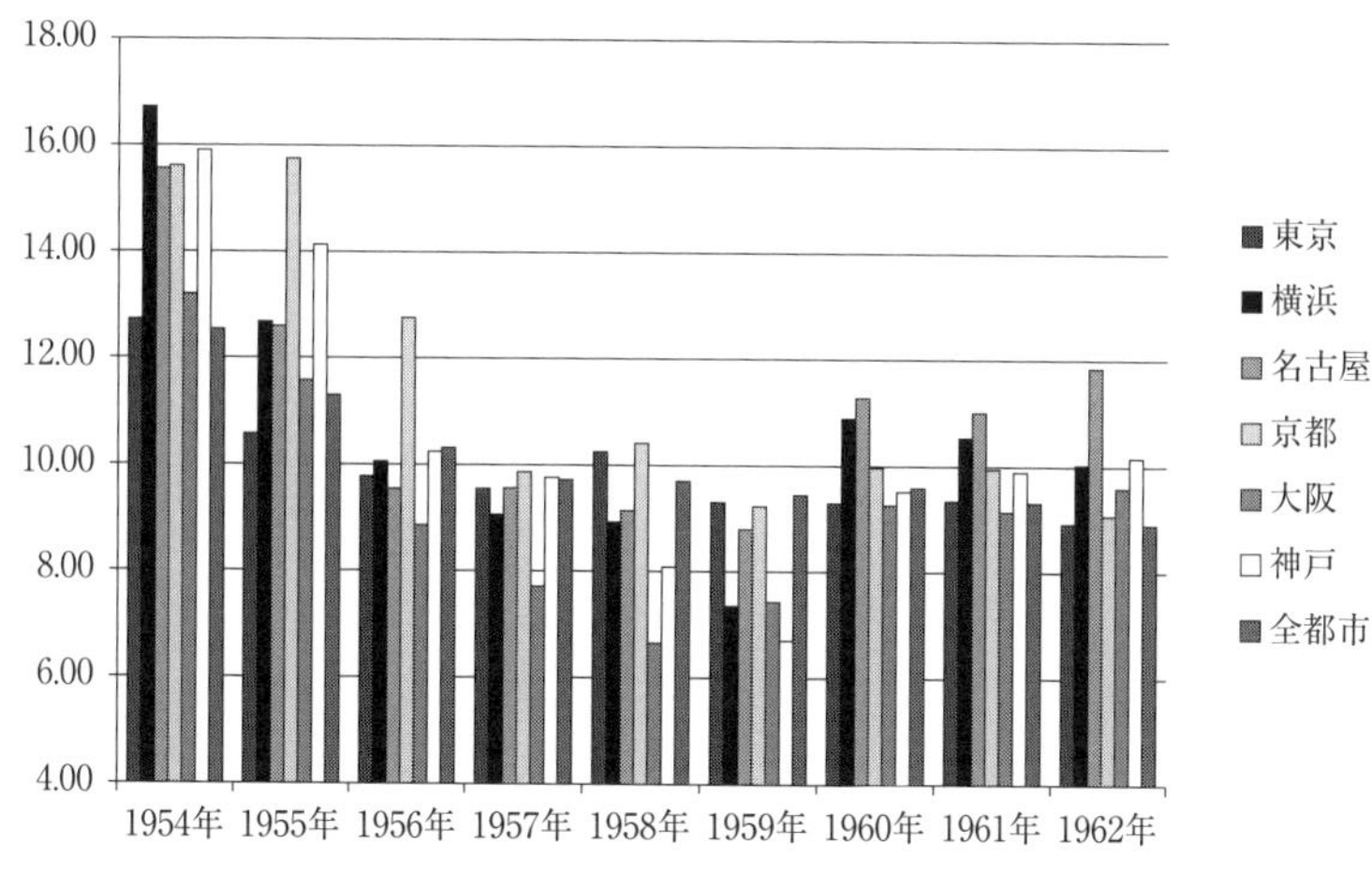

図６　主要都市と全都市平均の麺類の消費量の推移

注　：単位は１人当kg/年間。ゆでうどん、干しうどん（素麺、冷麦等）、その他の麺（そば等、小麦を使用しない麺）、匁はkgに換算し、１人当たりの消費量に換算。

出所：総務省「家計調査」より作成。

とから、１９５６年はまだ米の供給は充足しておらず、その不足を麺類で補っていたと考えられる。つまり、名古屋では米不足時の「代用品」は粒食の量を増やす麦・雑穀であったが、京都では麺類が主要な米不足時の「代用品」として利用されていたのであろう。

図７は主食的穀物の消費に占める麺類の消費割合を表したものである。麺類の消費割合は、東京を除いたすべての都市において、米の充足後激しく落ち込むが、その後好転している。横浜と神戸については、米の豊作以前に麺類の消費割合が高かったが、１９５９年まで徐々に落ち込み、再度１９６０年以降に消費割合が10%と高くなるというU字型のカーブを示す。東京では米の豊作以前から麺の消費割合が低かったので、落ち込みはなく、消費割合の変化が最も少ない。米消費がやや低下する１９５８年に少しの上昇を見せるが、翌年には数値は戻り、米の充足後は９%程度の消費割合である。

大阪は他の都市より一年早い落ち込みとなるが、その数値は５・４%にまで低下する。その後１９５８年

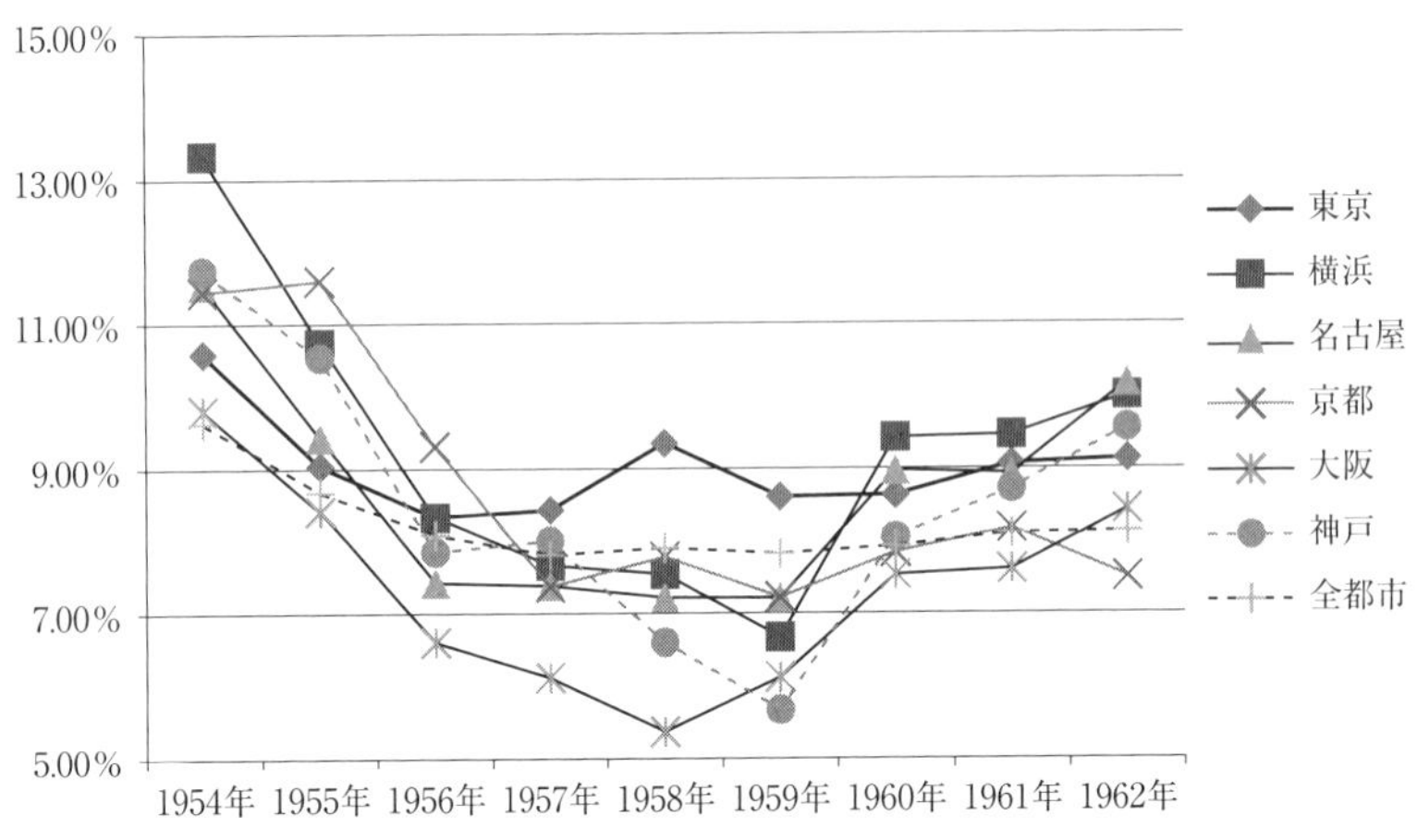

図7　主食的穀物消費に占める麺類消費割合の推移
出所：総務省「家計調査」より作成。

から好転し8%となった。京都は米の充足後すぐ7%まで下がり、その後は7~8%の消費割合である。名古屋も京都と同様に米の充足後にすぐ7%に低下するが、1959年から好転し9~10%の消費割合となった。つまり、粒食消費量の多い3都市は米の充足後、麺類の消費は減少してしまう。その後に京都では大きな変化は見られず、名古屋と大阪は新しい転機[3]によってやや需要が伸びたといえる。

(3) パンの消費

図8はパンの1年間の消費量/1人の消費量を表したものである。パンにおいても麦・雑穀と麺類と同様に、米の豊作年以前の1954年と1955年に最も多い消費量を示す。つまり、その時期はパンも他と同様に米不足時の「代用品」であった。パンの消費傾向は、米の豊作年後に減少はするものの、それ以降は一定の消費量を維持しながら推移している。つまりパンの消費量は麦・雑穀のように減少し続けることはなく、麺類のように一度下降し途中で好転することもない。

神戸が6大都市のなかで最も消費量が多く、米の豊作以前にすでに最も多い23・8キログラムの消費量であった。1956年

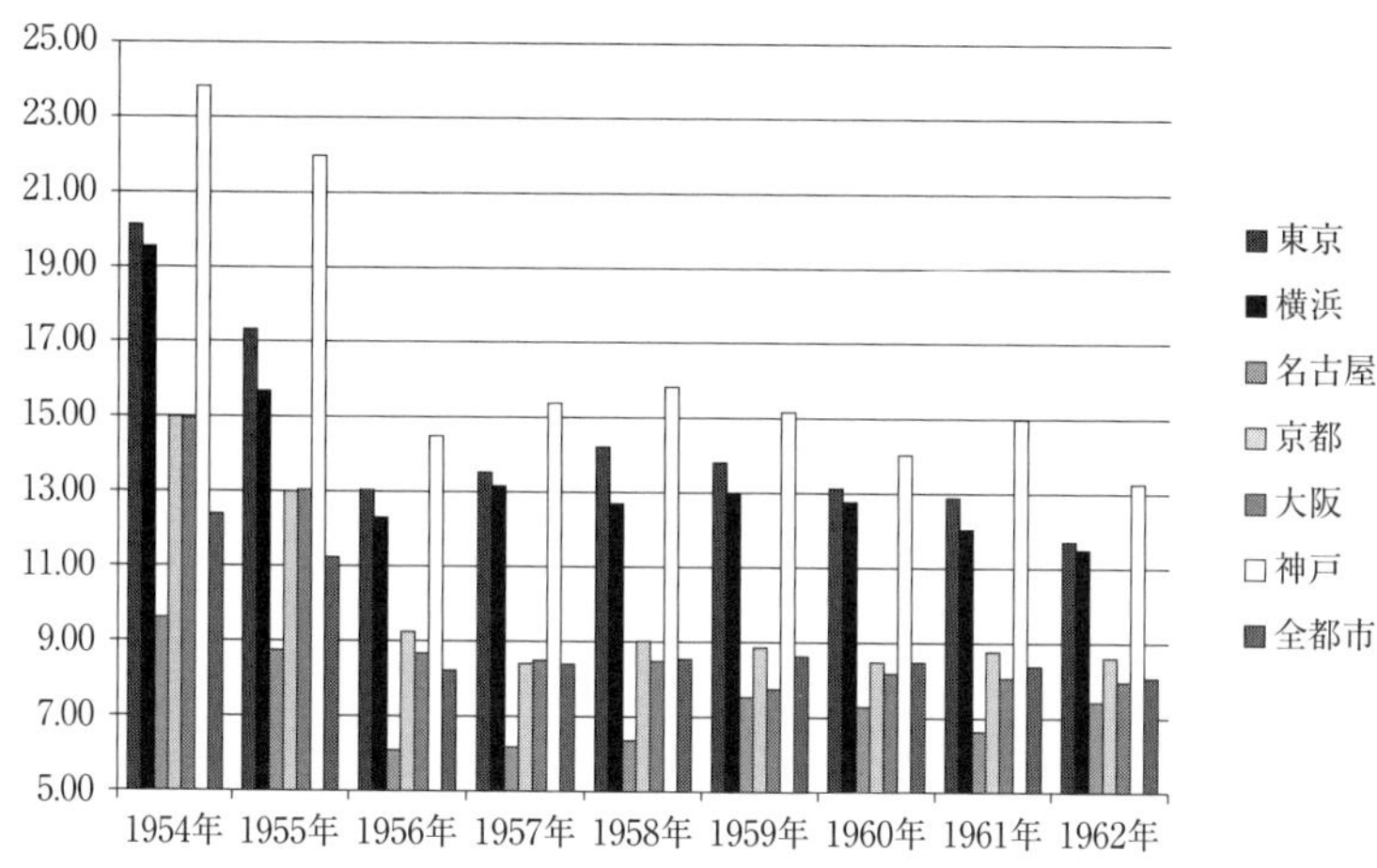

図８　主要都市のパン消費量の推移

注１：１人当単位：kg/年。

注２：食パン（食パン、コッペパン）、あんパン、その他のパン。匁はkgに換算。

出所：総務省「家計調査」より作成。

に消費量は大きく減少したものの、その後一定の消費量に回復し、１９６２年まで常に最も多い消費量である。

次にパン消費量の多い都市は東京である。すなわち、東京の米不足時の「代用品」はパンであったと考えられる。横浜と神戸は米の豊作以前に麺類とパンの消費量が多かったので、米不足時の「代用品」は麺類とパンの両方であろう。粒食消費量の多い名古屋、京都、大阪の３都市はパンの消費量は少ない。そのなかでも名古屋は最もパンの消費量の少ない都市であり、全都市の消費量を下回っている。名古屋では米不足時の「代用品」としてパンが選択されることが少なかったと考えられる。

図９は主食的穀物の消費に占めるパンの消費割合である。東京、横浜、神戸と名古屋、京都、大阪とで明確に消費割合が分かれ、前者は後者のほぼ倍の消費割合を示している。しかし、推移のカーブは同様で、米の充足年とされる１９５６年にすべての都市のパンの消費割合は低下する。しかし、その後は一定の消費割合を保って推移していく。

粒食消費の少ない東京、横浜、神戸の３都市では米の

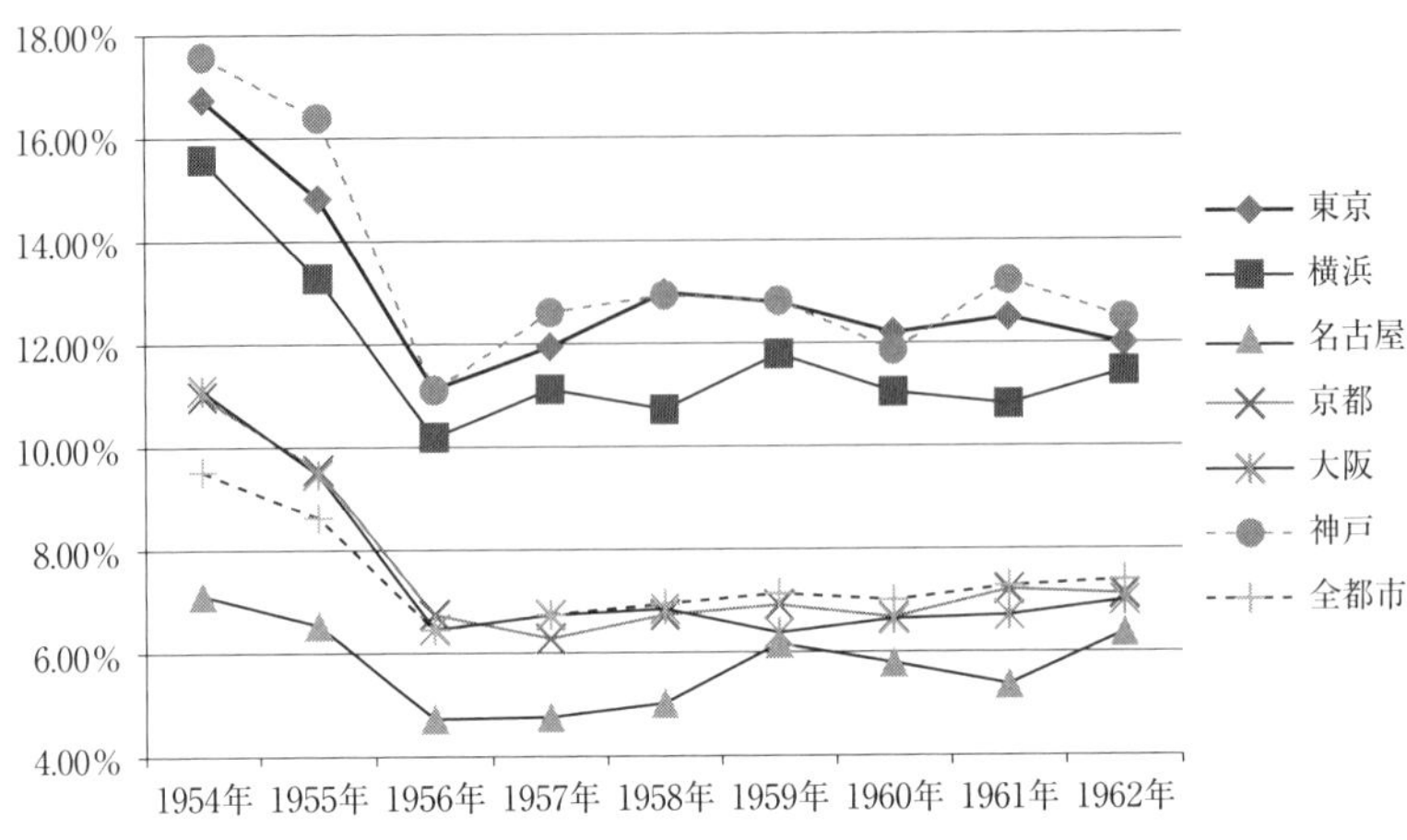

図9　主食的穀物の消費に占めるパン消費割合の推移
出所：総務省「家計調査」より作成。

充足前の消費割合は16～17%であったが、1956年以降は11～13%の間を推移していく。そのなかでは横浜が同じ推移のカーブを示すものの、東京、神戸と比較すれば、ややパンの消費割合は少ない。粒食消費の多い名古屋、京都、大阪では、京都と大阪が同様の割合と推移のカーブを示し、米の充足前の消費割合は11%であった。だが充足後の1956年以降は6～7%の間を推移していく。しかし名古屋は米の充足前であってもパンの消費割合は低く、7%しかなかった。そのため変化がないかのように見えるが、他の都市と同様に1956年にその消費割合は4・7%にまで落ち込む。その後、1959年に6・2%に上昇したことから、ややパンの消費割合が拡大されたといえるであろう。パンの消費割合は、麦・雑穀および麺類と比較すれば、名古屋を除いたすべての都市が米の豊作後に比較的安定した推移を示している。つまり一見パンが主食として定着してきたかのように見える。

そこでパンの消費についてもう少し詳しく検討しよう。パン消費量の中には、食事に供される食パンとコッペパン（以下、食事パン）、あんパンや調理パン（以下、おやつパン）とが含まれている。図10はパン消費のなかで食事パンの消費割

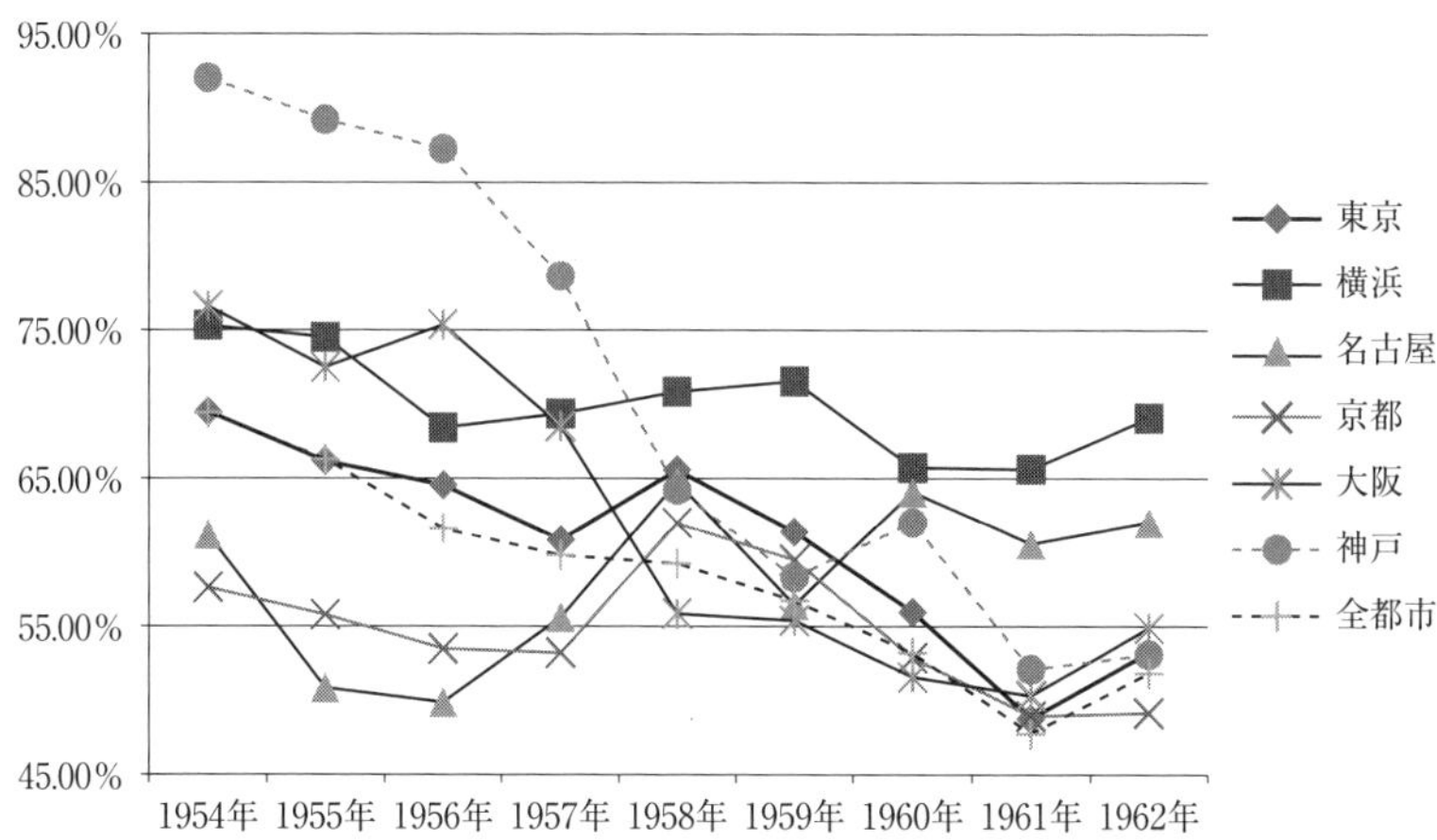

図10　主食的穀物の消費に占める食事パンの消費割合の推移
出所：総務省「家計調査」より作成。

合を表したものである。米の豊作以前のパンの消費を見ると、神戸ではパン消費の割合の92％が食事パンで占められている。次いで大阪が76・6％で、横浜が75・3％であった。つまりほとんどのパンは、米不足時の「代用品」として、食事パンが利用されていたことがわかる。しかし米の充足後を見ると、横浜では食事パンの消費割合の推移に大きな変化は見られず、65～70％の間を推移するが、神戸と大阪では、米が充足すると食事パンの消費割合が大きく低下している。１９６２年の食事パンの消費割合は、神戸では53％、大阪では55％である。東京でも米の豊作以前からパンの消費割合の約70％が食事パンで占められていたが、やはり漸次その割合は低下している。１９５８年に若干の上昇を示し61％まで復帰するが、その後はそれ以前よりもさらに低下し、１９６２年には約55％になっている。

京都は米の充足以前も食事パンの消費割合は55％程度であったが、１９５８年に62％に上昇する。しかしその後また下降し、１９６２年にはすべての都市の中で最も低く、50％を切る結果となる。名古屋はパンの消費が少ない都市ではあるが、パンの消費割合が伸びる前年の１９５８年には、食事パンの割合が上昇し65％になる。その後、増減を繰り返すが60％程度の割合を維持している。

以上のことから、横浜と名古屋ではパンを食事用として利用するほうが多いが、それ以外の都市は米の充足後、食事パンを利用する率が低くなり、約50％のパンの消費は食事以外、いわゆるおやつパンを消費している。米の充足以前のパンは、米不足時の「代用食」として利用されたが、米の供給が充足すると、パンの消費にも変化が見られ、食事パンからおやつパンの消費に移行したと考えられる。

最後に図11を見てみよう。図11は米を除く主食的穀物の消費割合のみを6都市別に示した。麦、雑穀、麺類、パンの消費割合は15～25％である。粒食消費量の少ない東京、横浜、神戸の3都市はそのなかでパンの消費割合が最も高いことがわかる。1955年から東京と神戸ではパンの割合は約50％であり、米以外の穀類の半分がパンとして消費されていた。横浜は麺類の割合が東京、神戸より10％ほど高くなっている。そして、東京では1956年にパンが少し低下し、それに代わって麺類が少し上昇している。横浜では1959年にパンが上昇し、その代わりに麺類が低下している。神戸の1959年、名古屋の1959年、京都の1956年、大阪の1958年も同様の結果である。つまり、パンの割合が高くなったときに麺類の割合が少なくなっているのである。すなわち、すべての都市において、主食的穀物の米以外の割合には、麺類とパンとのシェア争いがあるだけで、米のシェアを侵食するには至っていない。

一方、粒食の消費が多い名古屋、京都、大阪の3都市は、米を除く穀主食的穀物の消費について各々違った特徴をもっている。名古屋はパンよりも麺類が多く消費されていることは明確であるが、京都は麺類とパンが約半々の消費割合となって推移している。大阪は1956年に麺類とパンと麦・雑穀がすべて交差し、その後麦・雑穀は低下していく。つまり、麦・雑穀の消費割合が低下したときに麺類とパンの消費割合が上昇している。そして、米の充足後から1958年までパンが伸びたが、1959年には麺類のほうが、パンの消費割合

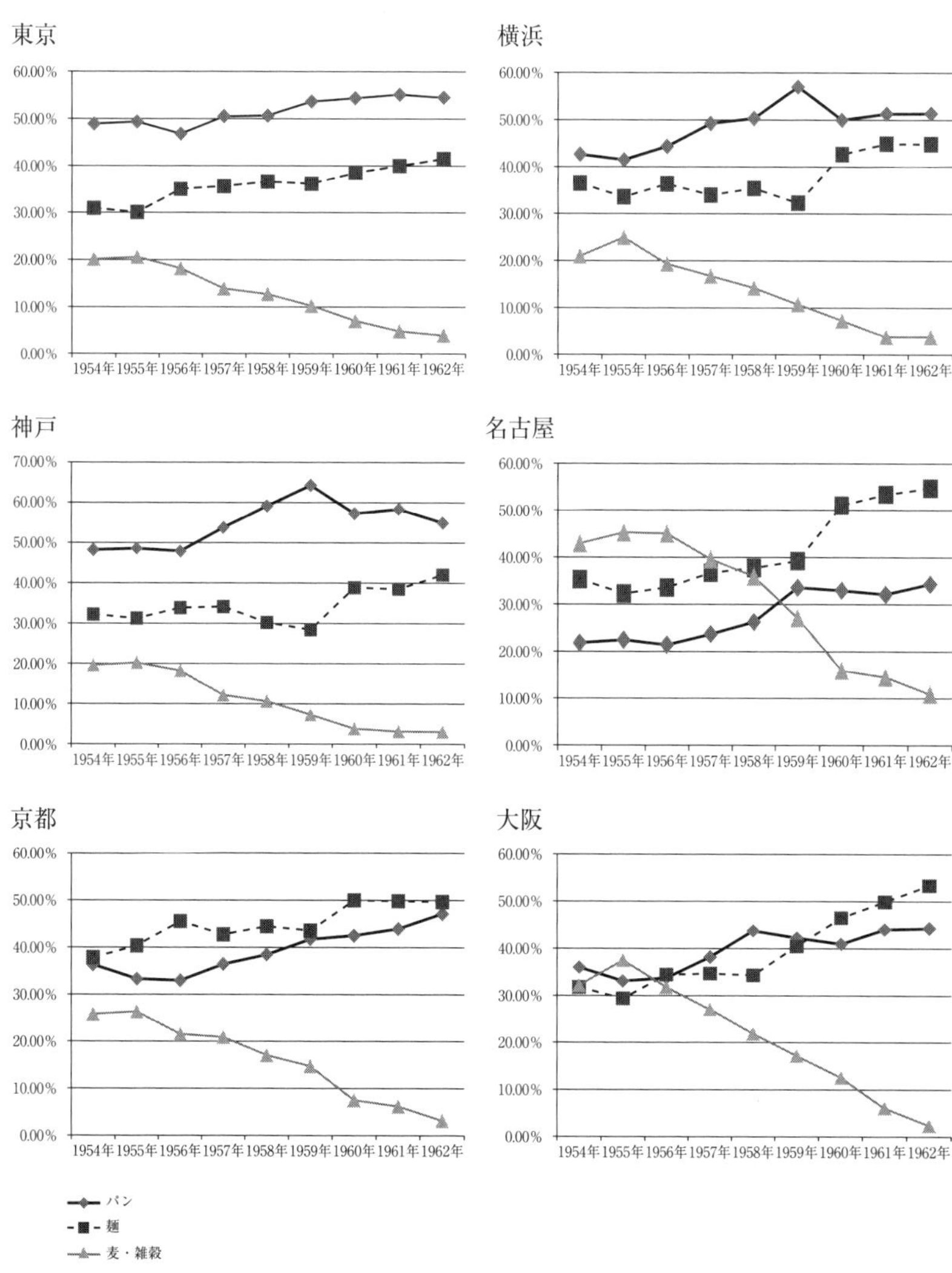

図11　都市別米を除く主食的穀物の消費割合の推移

出所：総務省「家計調査」より作成。

よりも高くなった。これは１９５８年に大阪を拠点としてインスタントラーメンが普及したことと関係があるかもしれない。名古屋では１９５８年に麺類と雑穀が交差し、翌年にはパンが交差し、麦・雑穀は低下していった。つまり、麦・雑穀の占めていたシェアは１９５８年以降、麺類とパンに取って代わられたのである。

4　6大都市の異なる消費構造

本章では、粉食普及運動の影響下に、日本人の主食がどのように変化したのかについて、６大都市を地域別に比較検討した。以上の帰結として、戦後におこなわれた粉食の奨励期間においては日本人の主食は依然として米であったということができる。

その理由の一つとして、まず、豊作による米の充足後にも米の消費割合は変化することなく推移していることである。そして、あと一つは、粉食の消費割合は漸次拡大傾向ではあったが、それは麦・雑穀の消費割合が粉食に取って代わられたということであった。つまり、粉食の占める主食的穀物比率は常に15～25％であり、30％には及ばず、非常に小さい割合に留まっており、主食としての米の消費割合は75～85％以上維持され、粉食に侵食されることはなかったということである。

次にその結果を各地域別に述べる。はじめから粒食の消費量が少なかった東京、横浜、神戸の3都市については、米の供給が充足に至る以前からすでにパンおよび麺類の消費量が多く、粉食の食習慣がすでにあった。しかしながら、米の充足後は食事パンの食べる量は減少し、おやつパンの消費量が拡大していた。つまり、パンが粒食の代わりとして主食に位置づけられる割合は非常に低いといえる。一方、名古屋、京都、大阪の3都市は、全都市平均よりも粒食消費量が多い傾向にあった。それは3都市に共通しているものの、米を除く主食的穀物の消費についてはそれぞれの特徴があった。名古屋は麦・雑穀の消費量が多く、米にそれらを混ぜて食べる混炊食が習慣として長く継続していた。そのため、麦・雑穀の消費量が大きく減少するまで、粉食の消費量は他と比べて低かった。京都は名古屋と同様に粒食を多く消費するが、名古屋と異なり、米のみの粒食を主食とする習慣があった。そのため、はじめから麦・雑穀の消費割合が低く、粒食消費量が多いにもかかわらず、パンおよび麺類に移行するのが早く、東京、横浜、神戸と似た粉食の消費割合を示すようになった。つまり、はじめから麦・雑穀の消費が低かった都市は、粉食普及運動の影響を受ける以前から、すでに米の不足時の「代用品」として粉食がすでに利用されていたということである。以上のことから、6大都市は、それぞれ異なる主食の消費構造を持っていること、むしろ、粉食推進運動以前の主食の形態の影響が大きいことがそこから明らかとなった。大量流通体制が全国に拡がる以前の1962年までは、依然として地域の食習慣を基礎として、戦後の食状況に応じながらそれぞれ独自に食消費が変化する状態にあったのである。

注

（1）1953年12月15日第19回国会衆議院本会議にて決議。

（2）国民の米離れの推進を目的に「米食低能論」がメディア等で報道された。例えば、林 髞『頭のよくなる本』光文社、1960年、113～114頁。

（3）時子山ひろみ「食料消費構造における傾向的変化と所得弾力性――食料消費の「成熟」に関する計量的考察」農業経済研究第67巻第1号、1995年、10～19頁。

（4）主食的穀物とは厚生労働省と農林水産省で作られた『食事バランスガイド』によると米・パン類・麺類の3種類が主食とされている。

（5）生麺業界は「包装麺」、乾麺業界は「即席麺」（インスタントラーメン）の開発時期。

省庁資料

経済企画庁『国民経済白書』各年版。

厚生省『国民栄養の現状』各年版。

厚生労働省『国民生活基礎調査』各年版。

厚生労働省『日本人の食事摂取基準』各5年版。

総務省『家計調査年報』各年版。

総務省『国勢調査』２０００年。

総務省『社会生活基礎調査』各5年版。

内閣府『食育白書』各年版。

農政審議会『80年代の農政の基本方向：農産物の需要と生産の長期見通し』Q20016680/1980
農林省『食糧管理統計年表』１９５４年。

農林省『食糧管理統計年表』１９５８年。

農林水産省『農林白書』各年版。

農林水産省『食料・農業・農村白書』各年版。

農林水産省『食料需給表』各年版。

参考文献

共同農業普及事業三十周年記念会『共同農業普及事業三十周年記念誌 資料編』共同農業普及事業三十周年記念会、１９７８年。

厚生省公衆衛生局栄養課編『栄養改善とその活動』第一出版、１９５６年。

厚生省厚生省五十年史編集委員会『厚生省五十年史』厚生問題研究会、１９８８年。
荷見安『米と人生』わせだ書房、１９６１年。
藤沢良知『日本の栄養士教育・栄養士活動』第一出版、１９９９年。
藤沢良知・花村満豊『生活習慣病を考える』第一出版、１９９８年。

おわりに

本書は、「次世代型農業の針路」シリーズの最終巻として、「先進的農業経営体」とそれを取り巻く関係主体の新たな動き・ムーブメントを明らかにしようとしたものである。私たちは、前シリーズ「農業経営の未来戦略」を刊行して以来、一貫して「農企業」に着目して研究をおこなってきたが、本書は「農企業」が近年新たなステージ・段階へと変貌を遂げているその姿を明らかにする点が特徴である。

6年前に『動きはじめた「農企業」』を刊行した当時は、「農企業」という言葉自体も珍しく、また先進的な農業経営体が急速にその数を増やしていた時代背景もあり、初巻は脚光を浴びることとなった。「農企業」という農業経営体は具体的にこれまでの農業経営体と何が違うのかを明らかにすることが第一目標であり、経営者の努力、経営体としての組織力、外部主体の支援など広範な面から、農企業の姿を浮き彫りにしてきた。しかし、6年という歳月は研究者が想定している以上に、農業の現場で新たなムーブメントが興るのには十分すぎる時間であった。

先日、筆者は京都府南部で、トマト栽培に取り組む30代夫婦にお話をお伺いする機会を得た。代表は、農業大学校を卒業後、実家にて就農したが、就農後すぐに祖父と父が相次いで他界し、環境が一変したという。就農したて26歳の時に、独り立ちを余儀なくされ、それまでの茶・ナス・エビイモなどの生産を断念し、「トマトと米」に作目を絞ることとした。「かつて見学した栃木県の大規模トマト栽培に感銘を受け、いつかは自分も……と夢見てきた」と語る代表は、光量・温度・湿度・二酸化炭素濃度などの栽培環境の制御を徹底し、高収量品種とを組み合わせたオランダ型ハウスの建設に挑戦することとした。

6年前「農企業」に着眼した我々であれば、代表の経営者能力や外部の公的機関や金融機関からの支援体制がいかなるものであったかに興味・関心を抱いたはずであるし、代表が率先して我々に語る話もそのような内容になっていたであろう。しかし、今回この代表が最も注力して我々に語ってくれたのは、「農業での職場環境」や「家族のあり方」であった。子育て世代の女性が働ける職場とはどのようなものか？ みんなのライフスタイルにあった働き方はどのようなものか？ を常に考える代表の姿には、最先端の栽培管理システムに加え、従業員のライフスタイルにも配慮した雇用形態を採る、まさに次世代型経営の姿が見ることができた。

この事例は、今まさに我々が取り組むべき課題を見事に描いていると私は感じた。これまで、「農企業」を捉える際に我々は特に「経営者の能力」「外部支援の力」「連携主体との良好な関係」を軸に分析をおこなってきた。これまでの本書シリーズの副題がまさにそれを表している。しかし、農業の現場では、それら3要素だけではなく、「経営体としての力」を発揮するためにいかなる経営を作り上げていくのかを、検討すべき段階に来ていると私は考えている。そのような新たな「ムーブメント」の息吹きを、本書を読み終えることで、より多くの人に感じていただければ、編者としてこの上ない喜びである。

本シリーズは、本書をもって一区切りとなるが、これまで農業経営の発展過程における意思決定プロセスや経営管理手法、現場での実践的な意思決定の生の声を収めているといった点を評価されてきた。「農企業」をめぐる「教育」「研究」「普及」に取り組んできたわれわれの活動の成果が的確に評価されたのは、このうえなくうれしいことである。本書では「「クローズアップ」農業と地域振興をさらに学ぶ」として、理解を深めるために文献集も収録することにした。我々は、未来に向けた次世代型農業づくりを、より多くの人に向けて発信していきたいと考えており、皆様のさらなるご指導をお願いする次第である。

最後になるが、講座の運営および本書の企画には、農林中央金庫、農林中金総合研究所、大学関係者、そして農業生産者と、多くの方にお世話になった。個別に名を記すことはできないが、改めて厚く御礼申し上げたい。

編著者を代表して

2018年11月

京都大学大学院農学研究科生物資源経済学専攻

川﨑　訓昭

◇◆編　者◆◇（50 音順）

小田　滋晃（おだ　しげあき）はじめに、第 1 章

京都大学大学院農学研究科教授
1954 年生まれ。1984 年より大阪府立大学農学部助手を経て、1993 年京都大学農学部附属農業簿記研究施設講師、助教授、2004 年より現職。専門は、農業経済学、農業経営学、農業会計学、農業情報学。農業生産の現場に軸足を置きつつ、農業及び農業関連産業における「ヒト、モノ、農地、カネ」の関係や有り様をアグリ・フード産業クラスター、六次産業化や農商工連携をキーワードにして研究をおこなっている。
主な著書に『農業におけるキャリア・アプローチ』（編著、農林統計協会）、『ワインビジネス――ブドウ畑から食卓までつなぐグローバル戦略』（監訳、昭和堂）、「アグリ・フードビジネスの展開と地域連携」『農業と経済』（昭和堂）第 78 巻第 2 号など多数。

坂本　清彦（さかもと　きよひこ）はじめに、第 1 章

龍谷大学社会学部准教授
1970 年生まれ。千葉大学園芸学部卒業後、青年海外協力隊員、農林水産省職員を経て、米国ケンタッキー大学で Ph.D（社会学）取得。京都大学大学院農学研究科特定准教授などを経て、2018 年 4 月より現職。専門は農業社会学、農村開発。
主な著書に「TPP 交渉参加国の植物衛生検疫措置――紛争事例や地域主義を題材に」『農業と経済』79 巻 9 号（2014 年）など。

川﨑　訓昭（かわさき　のりあき）はじめに、第 1 章、第 8 章、コラム、おわりに

京都大学大学院農学研究科特定助教
1981 年生まれ。京都大学農学部卒業、京都大学大学院農学研究科博士後期課程研究指導認定。2012 年より現職。専門は、農業経営学、産業組織論。
主な著書に『農業におけるキャリア・アプローチ（日本農業経営年報第 7 巻）』（共著、農林統計協会、2009 年）。『農業構造変動の地域分析』（共著、農山漁村文化協会、2012 年）など。

横田　茂永（よこた　しげなが）はじめに、第 6 章、第 7 章

京都大学大学院農学研究科特定准教授
1963 年生まれ。一般社団法人ＪＣ総研（現・日本協同組合連携機構）主任研究員、一般社団法人全国農業会議所専門員等を経て現職。専門は、農業経済学。
主な著書に『環境のための制度の構築――有機食品の認証制度を中心にして』（筑波書房、2012 年）、『JA 総研叢書 6　農業の新人革命』（共著、農山漁村文化協会、2012 年）など。

◇◆執筆者◆◇

猪谷　富雄（いたに　とみお）第 5 章第 1, 2, 5 節

龍谷大学農学部教授
1949 年福岡県生まれ。京都大学大学院農学研究科修士課程修了。県立広島大学生命環境学部を定年退職後、龍谷大学農学部教授で「植物育種学」「植物資源学」「食の循環

実習」などを担当。

上西　良廣（うえにし　よしひろ）第8章

農研機構食農ビジネス推進センター研究員
京都大学農学部、京都大学大学院農学研究科修士課程を修了。2016年より現職。品種や栽培技術の普及に関する研究をおこなっている。
主な著書に「新技術の先行導入者が技術普及に果たす役割――コウノトリ育む農法を事例として」〔『「農企業」のリーダーシップ』（昭和堂、2017年）所収〕。

小障子　正喜（こしょうじ　まさよし）第5章第3, 4節

農事組合法人大戸洞舎理事
立命館大学文学部卒業。滋賀大学大学院教育学研究科学校教育専攻修士課程修了。立命館大学先端総合学術研究科共生領域博士後期課程中途退学。大学院在学中に『どっぽ村プロジェクト』に参加後、農事組合法人大戸洞舎に就職。

小林　康志（こばやし　やすし）第9章

伊賀市産業振興部商工労働課長、特定非営利活動法人スタイルワイナリー代表理事
京都大学大学院農学研究科博士後期課程修了。コミュニティ・ビジネスによる地域活性化に関する研究をおこなっている。

小針　美和（こばり　みわ）第2章

株式会社農林中金総合研究所主任研究員
東京農業大学卒業、東京大学大学院農学生命科学研究科前期課程修了。2004年より現職。2015年より公益社団法人日本農業法人協会政策提言委員会外部委員。
主な論文に「自民党長期政権下における政府買入米価の決定過程」『農業経済研究』(2006年)

長命　洋佑（ちょうめい　ようすけ）第3章

九州大学大学院農学研究院助教
2009年より日本学術振興会特別研究員（PD）、2012年京都大学大学院農学研究科特定准教授を経て、2014年より現職。
主な著書に『酪農経営の変化と食料・環境政策―中国内モンゴル自治区を対象として』（単著、養賢堂、2016年）など。
専門は、農業経済学、農業経営学。

戸川　律子（とがわ　りっこ）第11章

京都大学大学院農学研究科特定研究員
フランス高等師範学校日仏共同博士課程を経て、大阪府立大学大学院人間社会学研究科博士課程修了。博士（言語文化学）
主な著書に、『現代の食生活と消費行動』（共著、農林統計協会、2016年）など。

南石　晃明（なんせき　てるあき）　第3章

九州大学大学院農学研究院教授
1983年農林水産省入省。農林水産省農業研究センター研究室長などを経て、2007年より現職。
主な著書に『農業におけるリスクと情報のマネジメント』(農林統計出版､2011年)､『TPP時代の稲作経営革新とスマート農業――営農技術パッケージとICT活用』（南石晃明・長命洋佑・松江勇次［編著］、養賢堂、2016年）他多数。専門は、農業経済学、農業経営学、農業情報学。

Bunte Frank（ビユンテ　フランク）　第10章

ロッテルダム応用科学大学講師
博士（経済学)。オランダ農業経済研究所（LEI）主任研究員、フォンティス応用科学大学講師を経て現職。主な著者に"The Food Economy - Global issues and challenges" Wageningen Academic Publishers, 2009年（『グローバリゼーションとフードエコノミー――新たな課題への挑戦』下渡敏治・宮部和幸・上原秀樹翻訳、農林統計出版、2012年）など。

平山　美穂（ひらやま　みほ）　文献一覧

行橋市総務部総務課付
2018年、京都大学大学院農学研究科に研究生として所属。
主に地域行政政策への反映を目的とした、農業による地域振興について研究をおこなっている。

堀田　学（ほりた　まなぶ）　第4章

県立広島大学生命環境学部生命科学科准教授
京都大学大学院博士後期課程修了。博士（農学)。卸売市場、農産物直売所などの農産物流通、条件不利地域問題を中心とした研究をおこなっている。
主な著作に『青果物卸売業者の機能と制度の経済分析』(農林統計協会､2000年）など。

宮部　和幸（みやべ　かずゆき）　第10章

日本大学生物資源科学部教授
博士（農学)。社団法人農業開発研修センター主任研究員、日本大学生物資源科学部准教授を経て現職。主な著書に『フード・マーケティング論』（共著、筑波書房、2016年)､『インドのフードシステム――経済発展とグローバル化の影響』（共著、筑波書房、2014年）など。

農業経営体それぞれの経営戦略の実践が地域活性化や地域農業の維持にどのようにつながっていくのか？　両立可能なのか？　さらに学びたい読者へ。

◈農業から息吹を上げる

国際化時代の地域農業振興―その理論と実践方策　小島 豪（著）　2003/9　日本経済評論社

現代日本農業の継承問題―経営継承と地域農業　柳村俊介（編）　2003/10　日本経済評論社

地域営農の展開とマネジメント（日本農業経営年報）　金沢夏樹・稲本志良・高橋正郎（編）　2004/5　農林統計協会

食料産業クラスターと地域ブランド―食農連携と新しいフードビジネス　斎藤 修（著）　2007/3　農山漁村文化協会

農商工連携のビジネスモデル―次代の地域経済活性化戦略　東北産業活性化センター（編）　2009/7　日本地域社会研究所

6次産業化とJAの新たな役割―農業の未来のために　経済法令研究会（編さん）　2011/12　経済法令研究会

農商工連携の戦略―連携の深化によるフードシステムの革新　斎藤 修（著）　2011/3　農山漁村文化協会

農業構造変動の地域分析―2010年センサス分析と地域の実態調査（JA総研研究叢書）　安藤光義（著）　2012/12　農山漁村文化協会

「農」の付加価値を高める六次産業化の実践　高橋信正（著）　2013/12　筑波書房

地域農業計画の予測と分析―マルチエージェントシミュレーション（農村計画学のフロンティア）　山下良平（著）、農村計画学会（監修）　2014/4　農林統計出版

農業経営の規模と企業形態―農業経営における基本問題　盛田清秀・安藤光義・内山智裕・梅本 雅・日本農業経営学会（編）　2014/8　農林統計出版

農業経営 新時代を切り開くビジネスデザイン　上原征彦（編著）、折笠俊輔・熊本伊織・齋藤訓之・中麻弥美（著）　2015/4　丸善出版

農業への企業参入 新たな挑戦：農業ビジネスの先進事例と技術革新（シリーズ・いま日本の「農」を問う）　石田一喜・吉田 誠・松尾雅彦・吉原佐也香・高辻正基・中村謙治・辻 昭久（著）　2015/12　ミネルヴァ書房

◈地域に芽生える萌芽

地域に生きる―農工商連携で未来を拓く　東北地域農政懇談会（著）・農林水産省東北農政局　2005/4　農山漁村文化協会

地域づくりと協同組合運動―食と農を協同でつなぐ　田中秀樹（著）　2008/10　大月書店

農商工連携の地域ブランド戦略　関 満博・松永桂子（編）　2009/9　新評論

アグリ・コミュニティビジネス　大和田順子（著）　2011/2　学芸出版社

成功する地域資源活用ビジネス―農山漁村の仕事おこし　伊藤 実（著）　2011/3　学芸出版社

シビック・アグリカルチャー―食と農を地域にとりもどす　トーマス ライソン（著）　Thomas A. Lyson（原著）北野 収（翻訳）　2012/7　農林統計出版

食と農のコミュニティ論　地域活性化の戦略　碓井たかし・松宮 朝（編著）　2013/2　創元社

農業再生に挑むコミュニティビジネス―豊かな地域資源を生かすために（シリーズ・いま日本の「農」を問う）　曽根原久司・西辻一真・平野俊己・佐藤幸次・南部町商工観光交流課（著）　2015/7　ミネルヴァ書房

◈地域の新たな姿を目指して

農家・農業・地域を変えるファーマーズマーケットの戦略的展開　二木季男・坂野百合勝・小山周三（著）　2002/5　家の光協会

農ある暮らしで地域再生―アグリ・ルネッサンス　山本雅之（著）　2005/3　学芸出版社

中山間地域の「自立」と農商工連携―島根県中国山地の現状と課題　関 満博・松永桂子（編）　2009/2　新評論

地域再生あなたが主役だ―農商工連携と雇用創出　橘川武郎・篠崎恵美子（著）　2010/8　日本経済評論社

地域資源活用による農村振興―条件不利地域を中心に　谷口憲治（著）　2014/7　農林統計出版

地域振興としての農村空間の商品化　田林 明（著）　2015/2　農林統計出版

農の6次産業化と地域振興　熊倉功夫（監修）米屋武文（編）　2015/3　春風社

企業の農業参入による地方創生の可能性―大分県を事例に　堀田和彦・新開章司（著）　2016/3　農林統計出版

地域ブランディングの論理―食文化資源を活用した地域多様性の創出　小林 哲（著）　2016/12　有斐閣

（平山 美穂）

次世代型農業の針路Ⅲ　「農企業」のムーブメント
——地域農業のみらいを拓く

2019年1月31日　初版第1刷発行

編著者　小田滋晃
　　　　坂本清彦
　　　　川﨑訓昭
　　　　横田茂永
発行者　杉田啓三

〒607-8494　京都市山科区日ノ岡堤谷町3-1
発行所　株式会社　昭和堂
振替口座　01060-5-9347
TEL（075）502-7500／FAX（075）502-7501

印刷 亜細亜印刷

ISBN978-4-8122-1808-2

＊落丁本・乱丁本はお取り替えいたします

Printed in Japan